中国土木工程詹天佑奖二十周年精品工程

郭允冲 主编

中 国 土 木 工 程 学 会
北京詹天佑土木工程科学技术发展基金会

中国建筑工业出版社

图书在版编目（CIP）数据

中国土木工程詹天佑奖二十周年精品工程／郭允冲主编．—北京：中国建筑工业出版社，2019.10
ISBN 978-7-112-24064-7

Ⅰ.①中… Ⅱ.①郭… Ⅲ.①建筑设计–作品集–中国–现代 Ⅳ.①TU206

中国版本图书馆CIP数据核字（2019）第167735号

责任编辑：王砾瑶　范业庶
整体设计：锋尚设计
责任校对：焦　乐　王　瑞

中国土木工程詹天佑奖二十周年精品工程
郭允冲　主编
中国土木工程学会
北京詹天佑土木工程科学技术发展基金会
*
中国建筑工业出版社出版、发行（北京海淀三里河路9号）
各地新华书店、建筑书店经销
北京锋尚制版有限公司制版
北京富诚彩色印刷有限公司
*
开本：965×1270毫米　1/16　印张：26　字数：628千字
2019年9月第一版　2019年9月第一次印刷
定价：299.00元
ISBN 978-7-112-24064-7
（34285）

《中国土木工程詹天佑奖二十周年精品工程》编委会

庆祝中华人民共和国
成立七十周年

20

庆祝中国土木工程詹天佑奖
设立二十周年

前言

2019年是中华人民共和国成立七十周年。七十年来，中国的土木工程建设取得了辉煌的业绩，在其辉煌的背后，铭刻着七十年的风风雨雨和几代人的心血与汗水。

七十年跨越，七十年辉煌。一座座地标性建筑拔地而起，改变城市气质；一条条土路变成高速公路，逐渐成网；一条条高速铁路在城市间架起，缩短着时空距离；一艘艘巨轮停靠在港口，货物通达五洲……七十年的土木工程建设，不断铺就着大国腾飞之路。

七十年来，我国土木工程科技水平突飞猛进。正是因为工程科技水平的发展，才得以在旧中国的废墟上迅速崛起，如今的基础设施居世界一流，高铁、隧道、桥梁等建造技术领先国际。

中国土木工程学会与北京詹天佑土木工程科学技术发展基金会于1999年专门设立“中国土木工程詹天佑奖”，旨在贯彻国家关于建立科技创新体制和建设创新型国家的战略部署，积极倡导土木工程领域科技应用和科技创新的意识，奖励和表彰在科技创新特别是自主创新方面成绩卓著的优秀项目，树立科技领先的样板工程，并力图达到以点带面的目的。自1999年开始，迄今已评奖16届，共计463项工程获此殊荣。中国土木工程詹天佑奖是经国家批准、住房城乡建设部认定、科技部首批核准的科技奖励项目，得到科技部、住房城乡建设部、交通运输部、水利部、中国铁路总公司（原铁道部）、中国科学技术协会以及行业内有关单位的大力支持和积极参与。今年是开启中国土木工程詹天佑奖评选表彰活动二十周年，这二十年是我国住房、各项基础设施建设的井喷期，是工程科技加速腾飞期，是由原先的跟跑国际先进科技转向在许多领域领跑的转折期。我们土木人穿越崇山，无远弗届，“一带一路”上布满了我们辛勤的身影。我们从463项中国土木工程詹天佑获奖项目中精选出40项精品工程，编撰出版了这部《中国土木工程詹天佑奖二十周年精品工程》。这些项目无论是工程规模、工程质量，还是技术难度，都代表着不同时期我国及世界的先进水平，而项目中蕴含设计、施工安装技术和工艺的创新，具有极大的推广应用价值。这些项目的总结出版展示了承建单位在该领域的超高技术水平与管理水平，展示了我国建设科技强国、质量强国、交通强国的重要成果，记录了我国不同时期最先进的设计、施工、安装技术。希望借助这本图集的发行，赢得广大工程界的朋友对“詹天佑奖大奖”更进一步的了解、支持和参与。希望通过我们的共同努力，使这一奖项更具创新性、先进性和权威性。

习近平总书记在中国科学院第十九次院士大会、中国工程院第十四次院士大会上的讲话中指出：“工程科技是推动人类进步的发动机，是产业革命、经济发展、社会进步的有力杠杆。广大工程科技工作者既要有工匠精神，又要有团结精神，围绕国家重大战略需求，瞄准经济建设和事关国家安全的重大工程科技问题，紧贴新时代社会民生现实需求和军民融合需求，加快自主创新成果转化应用，在前瞻性、战略性领域打好主动仗。”新时代，新起点。沿着习总书记为我们指出的道路，建设者们将踏上新的征程，发挥自己无穷的想象力和创新能力，为人们提供更加幸福的生活空间。

郭允冲

2019年8月

20

中国土木工程詹天佑奖大事记

1993

8月30日，经中国科学技术发展基金会批准（科技基金秘字〔1993〕002号文），在中国土木工程学会原有专项基金基础上，正式更名并成立了隶属于中国科学技术发展基金会的詹天佑土木工程科技发展专项基金，组建了以侯捷为顾问、李国豪为名誉主席、许溶烈为主席的专项基金管理委员会。

1997

1月7日，经中国土木工程学会第六届第七次常务理事会议研究，提出设立“中国土木工程詹天佑奖”提议。

1999

1月，经中国土木工程学会第七届第二次常务理事会议审议，通过了《中国土木工程詹天佑奖评选暂行条例》，组建了“詹天佑大奖指导委员会”和“詹天佑大奖评选委员会”。2月，正式发布《关于提名中国土木工程詹天佑奖参选工程的通知》，奖项评选工作正式启动。

10月28日，首届中国土木工程詹天佑奖评审会议在中国科技会堂召开，学会名誉理事长、詹天佑土木工程科技发展专项基金管理委员会主席许溶烈，学会副理事长、交通部副部长李居昌，学会常务副理事长、建设部总工程师姚兵，交通部总工程师凤懋润，铁道部总工程师王麟书等领导和专家出席会议，经无记名投票确定21项工程获奖。

11月7日，在北京人民大会堂召开的第十一届国际科学与和平周大会开幕式上，由中国科学技术发展基金会统一发布了其所属专项基金组织开展的十个科技奖项的评选结果，“中国土木工程詹天佑奖”位列其中，在社会上产生了一定的影响，受到了工程界的关注，有关新闻单位进行了宣传报道。

2000

1月20日，中国土木工程学会第七届第四次常务理事会议对首届中国土木工程詹天佑奖评选工作给予了赞扬和肯定，并决定在当年组织召开的学会第九届学术年会上进行颁奖。

5月30日至6月1日，“中国土木工程学会第九届学术年会、第七届第二次理事会议暨首届中国土木工程詹天佑奖颁奖大会”在杭州隆重举行，与会领导向21项获奖工程颁奖。建设部部长俞正声向大会发来贺信，学会名誉理事长、两院院士李国豪，交通部副部长李居昌，铁道部副部长蔡庆华等领导出席。

2001

2月15日，中华人民共和国建设部印发《建设部关于严格控制评比、达标、表彰活动的管理办法》（建办〔2001〕38号文），审核批准中国土木工程詹天佑奖为全国建设系统（或行业）评比、达标、表彰项目之一。

3月8日，科技部国家科技奖励工作办公室召开新闻发布会，向社会公布了已获批准的首批26项社会力量设奖名单，中国土木工程詹天佑奖成为首批核准登记的科技奖项（国科奖社证字第0014号）。

2002

3月19日，第二届中国土木工程詹天佑奖评审大会在北京召开，经与会专家共同评议，确定19项工程获奖。11月26日，中国土木工程学会建会90周年庆典、第二届中国土木工程詹天佑奖颁奖大会、中国土木工程学会第八次全国会员代表大会暨第十届学术年会在北京召开，与会领导向19项获奖工程颁奖。学会名誉理事长、两院院士李国豪，建设部部长汪光焘，中国科协副主席陆延昌，建设部原副部长、学会理事长谭庆琏，铁道部副部长、学会副理事长蔡庆华，交通部副部长胡希捷，交通部原副部长、学会副理事长李居昌等领导出席。

首届中国土木工程詹天佑奖颁奖大会代表合影（2000年5月，杭州）

科技部颁发奖项证书（右三为徐渭副秘书长，2001年3月）

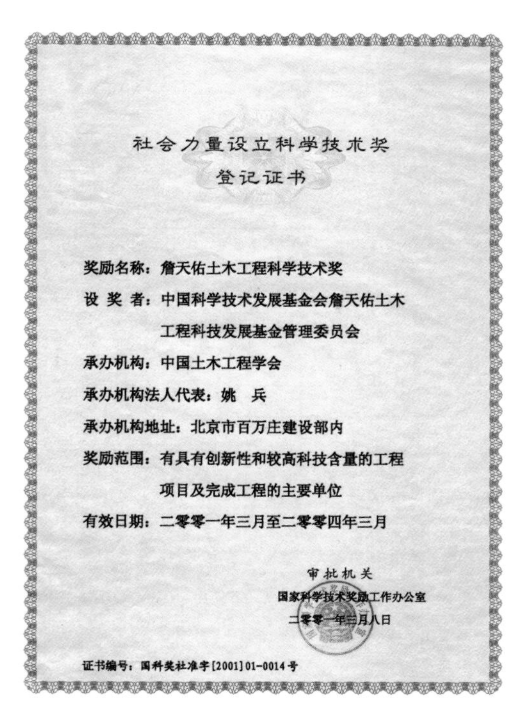

社会力量设立科学技术奖

登记证书

奖励名称：詹天佑土木工程科学技术奖

设 奖 者：中国科学技术发展基金会詹天佑土木工程科技发展基金管理委员会

承办机构：中国土木工程学会

承办机构法人代表：姚 兵

承办机构地址：北京市百万庄建设部内

奖励范围：有具有创新性和较高科技含量的工程项目及完成工程的主要单位

有效日期：二零零一年三月至二零零四年三月

审批机关

国家科学技术奖励工作办公室

二零零一年三月八日

证书编号：国科奖社准字[2001]01-0014号

科学技术奖登记证书

2003

9月22日，第三届中国土木工程詹天佑奖评审大会在北京召开，经与会专家共同评议，确定22项工程获奖。12月5日，第三届中国土木工程詹天佑奖颁奖大会在云南昆明隆重举行，与会领导向22项获奖工程颁奖。建设部原副部长、学会理事长谭庆琏，铁道部副部长、学会副理事长蔡庆华等领导出席。

第三届颁奖大会代表合影（2003年12月）

第三届评审大会（2003年9月）

2004

10月8日，第四届中国土木工程詹天佑奖评审大会在北京召开，经与会专家共同评议，确定19项工程获奖。

2005

3月19日，中国土木工程学会第八届第二次理事会议暨第四届中国土木工程詹天佑奖颁奖大会在北京召开，与会领导向19项获奖工程颁奖。建设部部长汪光焘出席并讲话，中纪委驻建设部纪检组组长姚兵，建设部原副部长、学会理事长谭庆琏，铁道部原副部长、学会副理事长蔡庆华，交通部原副部长、学会副理事长胡希捷等领导出席。

5月18日，中华人民共和国建设部发布《关于严格控制评比、达标、表彰活动的通知》（建办〔2005〕79号文），对部机关、直属单位、部管社团开展的评比、达标、表彰活动进行了全面清理后，批准中国土木工程詹天佑奖为部管社团和部属单位在建设系统或行业组织开展的评比、达标、表彰活动之一。

9月4日，第五届中国土木工程詹天佑奖评审大会在北京召开，经与会专家共同评议，确定22项工程获奖。

第四届评审大会（2004年10月）

第五届评审大会（2005年9月）

第四届颁奖大会（2005年3月）

2006

1月7日，第五届中国土木工程詹天佑奖颁奖大会在北京人民大会堂举行，与会领导向22项获奖工程颁奖。建设部副部长黄卫，中国科学技术协会副主席、书记处书记、中国科学技术发展基金会理事长徐善衍，建设部原副部长、学会理事长谭庆琏，交通部原副部长、学会副理事长胡希捷等领导出席。

3月，在詹天佑土木工程科技发展专项基金基础上，在北京市民政局登记注册成立了独立法人资格的“北京詹天佑土木工程科学技术发展基金会”（京民基许准成字〔2006〕14号），业务主管单位是北京市科学技术协会。

9月19日，第六届中国土木工程詹天佑奖评审大会在北京召开，经与会专家共同评议，确定28项工程获奖。

第五届颁奖大会（2006年1月）

北京市民政局

京民基许准成字〔2006〕14 号

准予行政许可决定书

中国土木工程学会:

你（单位）2006年2月23日向本机关提出的北京詹天佑土木工程科学技术发展基金会设立申请。经审查，符合法定条件。根据《基金会管理条例》和《中华人民共和国行政许可法》的规定，决定准予北京詹天佑土木工程科学技术发展基金会设立。

二〇〇六年三月十三日

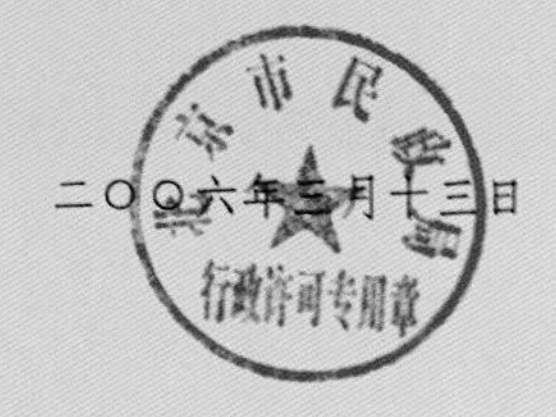

基金会成立决定书

北京詹天佑土木工程科技发展基金会成立（2006年3月）

第六届评审大会（2006年9月）

2007

1月28日，在北京组织召开了基金会成立大会，建设部原副部长、学会理事长谭庆琏，原专项基金管理委员会主席许溶烈，北京市民政局基金会管理处处长石怀淼，北京市科学技术协会学术部主任刘晓勘等领导出席，在原专项基金管理委员会基础上，选举产生了谭庆琏为名誉理事长、张雁为理事长的基金会第一届理事会。

1月28日，第六届中国土木工程詹天佑奖颁奖大会在北京举行，与会领导向28项获奖工程颁奖。建设部部长汪光焘向大会发来贺信，建设部副部长黄卫，建设部原副部长、学会理事长谭庆琏，交通部原副部长、学会副理事长胡希捷，中国科学技术协会书记处书记冯长根等领导出席。

8月29日，第七届中国土木工程詹天佑奖评审大会在北京召开，经与会专家共同评议，确定29项工程获奖。

基金会第一届第一次理事会议（2007年1月）

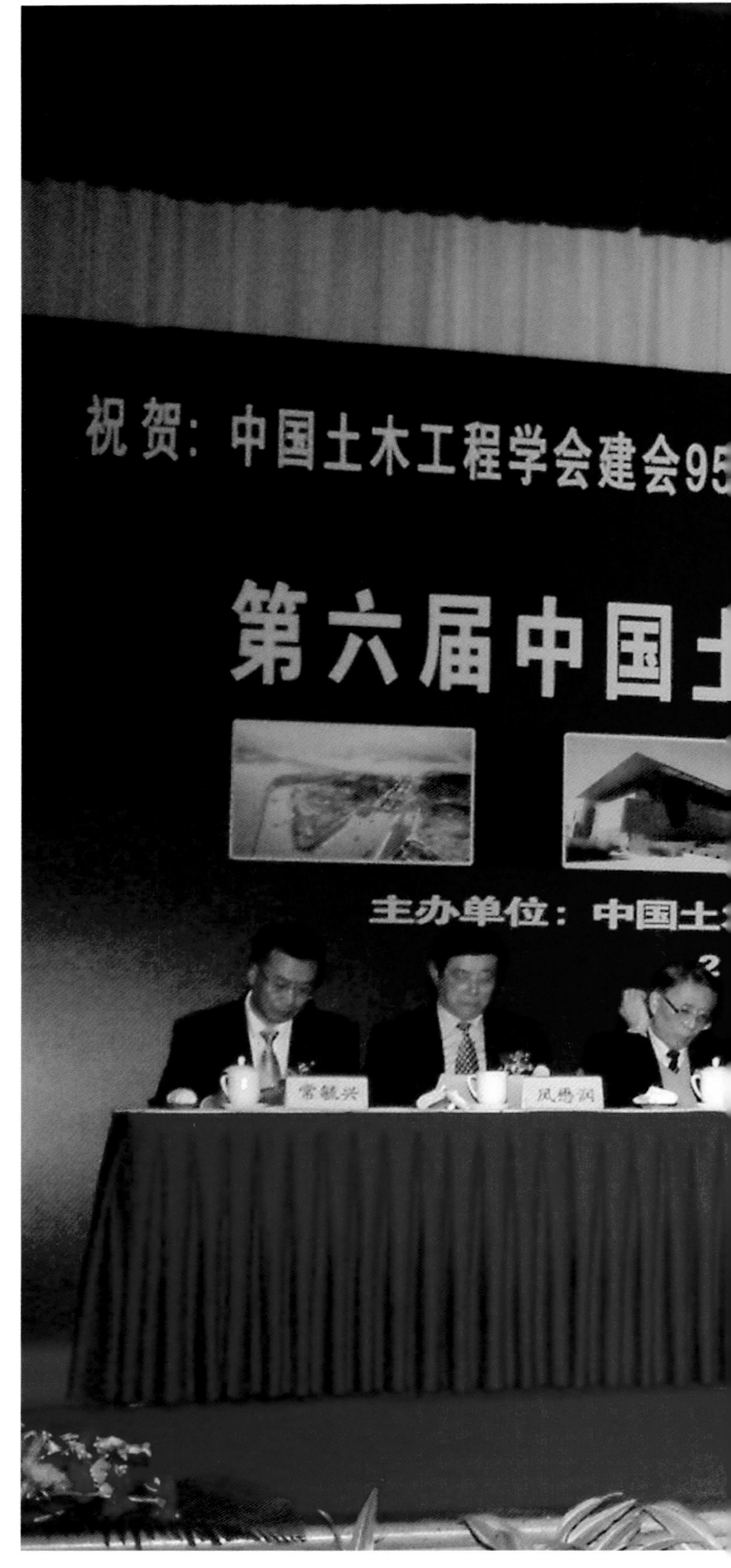

第六届颁奖大会（2007年1月）

工程詹天佑奖颁奖大会
学会
詹天佑土木工程科技发展基金会
1月28
北京
蔡庆华
黄 卫

2008

3月18日，第七届中国土木工程詹天佑奖颁奖大会在北京举行，与会领导向29项获奖工程颁奖。建设部副部长黄卫，建设部原副部长、学会理事长谭庆琏，铁道部原副部长、学会副理事长蔡庆华，交通部原副部长、学会副理事长胡希捷，中国科学技术协会书记处书记宋南平等领导出席。

为充分调动发挥广大科技工作者的创新热情与活力，鼓励参与工程建设的各方发挥各自优势、团结协作，中国土木工程詹天佑奖增设“创新集体”评选。

11月28日，第八届中国土木工程詹天佑奖评审大会在北京召开，经与会专家共同评议，确定31项工程获奖。

第八届评审大会（2008年11月）

第七届颁奖大会代表领奖（2008年3月）

第七届颁奖大会合影（2008年3月）

第七届颁奖大会（2008年3月）

2009

3月26日，中国土木工程詹天佑奖十周年庆典暨第八届颁奖典礼在北京国家大剧院举行，与会领导向31项获奖工程颁奖。建设部副部长陈大卫，铁道部副部长彭开宙，交通部副部长冯正霖，水利部副部长鄂竟平，中国科学技术协会书记苑郑民，建设部原副部长、学会理事长谭庆琏，铁道部原副部长、学会副理事长蔡庆华，交通部原副部长、学会副理事长胡希捷，国家科技奖励工作办公室副主任胡晓军等领导出席。

为充分发挥中国土木工程詹天佑奖在业界的示范引领作用，鼓励广大科技工作者为建设创新型国家做出更大贡献，学会于2008年在中国土木工程詹天佑奖评选表彰工作的基础上向科技部申请并获得直接推荐国家科学技术奖候选项目的资格。学会自2009年开始每年从中国土木工程詹天佑奖获奖项目中遴选杰出项目参与国家科学技术奖评选。

12月16日，第九届中国土木工程詹天佑奖评审大会在北京召开，经与会专家共同评议，确定30项工程获奖。

第八届颁奖典礼代表合影

第八届颁奖典礼（2009年3月）

2010

3月28日，第九届中国土木工程詹天佑奖颁奖典礼在北京举行，与会领导向30项获奖工程颁奖。科技部副部长曹健林，住房和城乡建设部副部长郭允冲，铁道部副部长彭开宙，交通运输部副部长冯正霖，水利部副部长鄂竟平，中国科学技术协会书记处书记冯长根，建设部原副部长、学会理事长谭庆琏，铁道部原副部长、学会副理事长蔡庆华，中国土木工程学会副理事长、全国人大环资委副主任、清华大学副校长袁驷，铁道部总工程师何华武院士等领导出席。

11月4日，第十届（2010年度）中国土木工程詹天佑奖评审大会在北京召开，经与会专家共同评议，确定30项工程获奖。

12月30日，监察部会同国务院纠风办、中央编办、发展改革委、民政部、财政部、人事部、国资委、法制办联合召开的清理规范评比达标表彰工作联席会议发布了《关于公布行政等系统中央单位评比达标表彰活动保留项目的通告》，批准中国土木工程詹天佑奖为行政等系统中央单位评比达标表彰活动保留项目之一。

第九届颁奖典礼代表合影

第九届奖颁大会（2010年3月）

第十届（2010年度）评审大会（2010年11月）

2011

9月28日，第十届（2011年度）中国土木工程詹天佑奖评审大会在北京召开，经与会专家共同评议，确定25项工程获奖。

第十届（2011年度）评审大会（2011年9月）

国内首座500千伏全地下变电站
规模、容量最大
电压等级最

2012

3月27日，第十届中国土木工程詹天佑奖颁奖典礼在北京隆重举行，与会领导向55项获奖工程颁奖。住房和城乡建设部副部长郭允冲，交通运输部副部长冯正霖，中国科学技术协会副主席、党组副书记程东红，国家科技奖励工作办公室主任邹大挺，建设部原副部长、学会理事长谭庆琏，铁道部原副部长、学会副理事长蔡庆华，交通运输部原副部长、学会副理事长胡希捷等领导出席。

第十届颁奖典礼（2012年3月）

第十届颁奖典礼代表合影

第十届颁奖典礼代表领奖1（2012年3月）

第十届颁奖典礼代表领奖2（2012年3月）

2013

3月29日，第十一届中国土木工程詹天佑奖评审大会在北京召开，经与会专家共同评议，确定32项工程获奖。7月9日，第十一届中国土木工程詹天佑奖颁奖典礼在北京隆重举行，与会领导向32项获奖工程颁奖。住房和城乡建设部副部长、学会理事长郭允冲，交通运输部副部长、学会副理事长冯正霖，建设部原副部长、学会名誉理事长谭庆琏，铁道部原副部长蔡庆华，交通部原副部长胡希捷等领导出席。

第十一届评审大会（2013年3月）

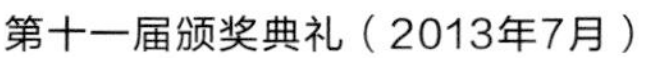

第十一届颁奖典礼（2013年7月）

第十一届颁奖典礼代表合影

第十一届颁奖典礼代表领奖（2013年7月）

2014

10月21日，第十二届中国土木工程詹天佑奖评审大会在北京召开，经与会专家共同评议，确定28项工程获奖。12月4日，第十二届中国土木工程詹天佑奖颁奖大会在北京隆重举行，与会领导向28项获奖工程颁奖。住房和城乡建设部副部长王宁，中国科学技术协会副主席程东红，住房和城乡建设部原副部长、学会理事长郭允冲，中国铁路总公司副总经理卢春房，建设部原副部长、学会名誉理事长谭庆琏，铁道部原副部长、学会原副理事长蔡庆华，清华大学副校长、学会副理事长袁驷，建设部原总工程师、学会原理事长许溶烈，国家科技奖励工作办公室主任邹大挺等领导出席。

第十二届评审大会（2014年10月）

第十二届颁奖大会（2014年12月）

第十二届颁奖大会代表合影

第十二届颁奖大会代表领奖（2014年12月）

2015

8月，经国家批准同意，全国评比达标表彰工作协调小组办公室发布修订后的《全国评比达标表彰保留项目目录》，中国土木工程詹天佑奖位列其中。

11月5日，第十三届中国土木工程詹天佑奖评审大会在北京召开，经与会专家共同评议，确定38项工程获奖。

第十三届评审大会（2015年11月）

三届詹天佑奖推荐申报
及预审情况汇报
李山林

2016

3月30日，第十三届中国土木工程詹天佑奖颁奖大会在北京隆重举行，与会领导向38项获奖工程颁奖。住房和城乡建设部副部长易军，住房和城乡建设部原副部长、学会理事长郭允冲，中国科学技术协会党组成员、书记处书记吴海鹰，中国铁路总公司副总经理卢春房，国家科技奖励工作办公室主任邹大挺、中国工程院院士任辉启等领导出席。

12月21日，第十四届中国土木工程詹天佑奖评审大会在北京召开，经与会专家共同评议，确定29项工程获奖。

第十三届颁奖大会（2016年3月）

第十四届评审大会（2016年12月）

第十三届颁奖大会代表合影

第十三届颁奖大会代表领奖（2016年3月）

2017

4月14日，第十四届中国土木工程詹天佑奖颁奖大会在北京举行，与会领导向29项获奖工程颁奖。住房和城乡建设部副部长易军，住房和城乡建设部原副部长、学会理事长郭允冲，全国人大常委会委员、清华大学原副校长、学会副理事长袁驷，中国科学技术协会党组成员王延祜，国家科技奖励工作办公室副主任陈志敏、中国工程院院士郑健龙等领导出席。

国家科学技术奖励工作办公室委托中国科学技术信息研究所组织开展了社会力量设立科学技术奖第三方评价工作，经过总结申报、定量考核、现场答辩、定性评价等环节，中国土木工程詹天佑奖2018年2月取得“土木建筑、交通运输类小组”第一名的成绩。

11月10日，第十五届中国土木工程詹天佑奖评审大会在北京召开，经与会专家共同评议，确定30项工程获奖。

第十四届颁奖大会（2017年4月）

第十四届颁奖大会代表合影

第十四届颁奖大会代表领奖（2017年4月）

第十五届评审大会（2017年11月）

2018

6月3日，第十五届中国土木工程詹天佑奖颁奖大会在北京隆重举行，与会领导向30项获奖工程颁奖。住房和城乡建设部原副部长、学会理事长郭允冲，原铁道部原副部长、中国工程院院士卢春房，中国科协副主席、中国铁路总公司总工程师、中国工程院院士何华武，中国铁路总公司副总经理王同军，中国建筑工程总公司总经理、学会副理事长王祥明，学会副理事长、中国工程院院士聂建国，石家庄铁道大学副校长、中国工程院院士杜彦良等领导出席。

10月31日，第十六届中国土木工程詹天佑奖评审大会在北京召开，经与会专家共同评议，确定30项工程获奖。

第十六届评审大会（2018年10月）

第十五届颁奖大会代表合影

第十五届颁奖大会（2018年6月）

第十五届颁奖大会代表领奖（2018年6月）

奖 技 术 交 流 会 暨 颁 奖 大 会

2018年6月 北京

2019

1月19日，北京詹天佑土木工程科学技术发展基金会在北京组织召开第三届第八次理事会议，经全体与会理事选举，郭允冲同志当选为基金会名誉理事长，李明安同志当选为基金会理事长。

基金会第三届第八次理事会议（2019年1月）

4月12日，中国土木工程詹天佑奖二十周年庆典暨第十六届颁奖大会在北京隆重举行，与会领导向30项获奖工程颁奖。住房和城乡建设部副部长易军，中国工程院副院长、中国科学技术协会副主席何华武院士，住房和城乡建设部原副部长齐骥，住房和城乡建设部原副部长、学会理事长郭允冲，清华大学原副校长袁驷等领导出席。

第十六届颁奖大会现场（2019年4月）

庆祝中国土木工程詹天佑奖二十周年暨第十六届颁奖大会代表合影

第十六届颁奖大会代表领奖（2019年4月）

目录

建筑

改革开放40年来，中国建筑业历经前所未有的规模和发展速度，建成了一大批结构新颖、技术难度大的建筑物，充分显示了我国建筑技术的实力。建筑工程施工技术的水平是衡量建筑行业水平的一项重要指标，我国建筑施工技术近年来在诸多方面都取得了重大的突破，甚至在某些领域已经达到或接近了国际领先水平，推动了建筑技术的发展。

上海中心大厦、深圳平安金融中心同为获得中国三星和美国LEED双认证的最高等级绿色建筑。上海中心大厦现为中国第一、世界第二高楼。工程突破了传统层叠式理念，构建了全新的“垂直城市”超高层建筑新模式，为世界工程建设贡献了中国模式，彰显了我国超高层建造技术国际领先的综合实力。

深圳平安金融中心不仅在绝对高度上引领业界、更以其独特的设计成为深圳的新地标，成为载入全球摩天大楼史册的经典。其创新采用的巨型框架-核心筒结构体系，以其显著的优势成为国内外超高层的主流。

昆明新机场作为全球百强机场之一，是中国第一个大型的“节约型、环保型、科技型和人性化的绿色机场”，对于民航绿色机场的建设和发展具有重要的示范作用。其超大型建筑基础减隔震施工技术，填补了该领域的世界空白，极大促进国内外隔震建筑的推广应用。

奥运工程10项，里程碑式建筑，为2008北京奥运会成功举办做出了重要贡献。其中国家体育场钢结构工程是我国首次获得国际焊接学会（IIW）2010年度唯一焊接大奖“Ugo Guerrera Prize”的工程；国家游泳中心复杂的室内环境等关键技术获国家科学技术进步奖一等奖。习近平总书记在2008年2月15日视察国家体育场时称赞：“鸟巢”工程既很壮观又很震撼，工程的施工和管理，充分显示了中华民族自主创新的智慧和能力。

哈尔滨大剧院是黑龙江省规模最大、功能最完善的标志性文化设施。设计理念和建筑形态新颖，其中运用大地艺术景观手法对原有自然湿地、水系合理保留利用，有效实现了建筑与自然的融合，成为哈尔滨这座音乐之城的新名片。其多种类异型扭曲钢结构施工技术、任意曲面GRC装配复合实木装饰构造施工技术具有独到的创新性。

郑州东站是我国高速铁路网中建设规模最大的多向通道交会枢纽站。高架候车层大跨度楼盖舒适度控制技术保证了候车层的舒适度，节约工程造价约783万元，经鉴定施工技术达到国际领先水平。

苏州现代传媒广场项目是一座代表着千年苏州现代城市文化的建筑新地标。建筑设计方案以国际化建筑语言诠释苏州文化精髓，创新运用玻璃、金属、石材等现代元素演绎粉墙、黛瓦、窗棂、丝绸的古城印象，巧妙地将“现代与传统”有机融合。其“悬链钢构超大高差支座累积滑移技术”、“跨沉降缝钢桁架附加应力消除安装技术”达到国际领先水平。

陕西法门寺合十舍利塔工程，是法门寺文化景区建设规划中的标志性主体建筑，本工程钢结构施工中所应用的加热放张水平卸载连接桁架技术，在我国大型复杂结构施工中的率先应用，具有独到的创新性。2007年9月工程获人居经典综合大奖。

敦煌莫高窟游客服务中心工程以独具韵味的新颖造型，先进的科技成果、全新的参观模式、完善的管理服务，以人为本的旅游体验，开启了洞窟艺术研究、保护和利用的新纪元，其工艺复杂在国内尚属首例。

上海中心大厦

总建筑面积 约58万m^2
建 筑 高 度 632m
开 工 时 间 2008年12月2日
竣 工 时 间 2015年4月30日
总 投 资 150亿元

一、工程概况

上海中心大厦是一座集办公、商业、酒店、观光为一体的摩天大楼，总建筑面积约58万m^2，高632m，为中国第一、世界第二高楼。大楼结构地下5层，地上127层，采用内外双层玻璃幕墙的支撑结构体系。建筑造型独特，外观宛如一条盘旋升腾的巨龙，盘旋上升，形成以旋转120°且建筑截面自下朝上收分缩小的外部立面。桩基采用超长钻孔灌注桩，结构为钢混结构体系。竖向结构包括钢筋混凝土核心筒和巨型柱，水平结构包括楼层钢梁、楼面桁架、带状桁架、伸臂桁架和组合楼板，顶部设有屋顶皇冠。

工程于2008年12月2日开工建设，2015年4月30日竣工，总投资150亿元。

上海中心大厦全景图

仰视角度的上海中心大厦侧面图

二、科技创新与新技术应用

1 基于“垂直城市”高层建筑设计理念，创新采用中庭设计方案，在每个区布置空中花园，形成独立的生物气候区，实现了立体绿化，改善了空气质量。

2 创新采用曲面旋转上升空间设计。曲面外幕墙通过悬挂柔性钢结构支撑，120°旋转向上的建筑表皮造型宛如一条盘旋升腾的巨龙，大大减少了风力负荷。

3 基于绿色建筑设计理念，首次在400m级摩天建筑中实施LEED铂金级绿色建筑营造，地下空间面积达14倍建筑占地面积，建筑综合节水率达43%、节能率达54.3%，年减少碳排放2.5万t，绿色建筑技术应用40余项，绿色建造与绿色施工成效显著。

4 首次在软土地基400m级超高层中应用超长后注浆钻孔灌注桩工艺技术。通过钻机装备技术提升，人工造浆、除砂净化泥浆、正反循环泥浆工艺、双控桩底注浆技术方法的综合应用，解决了超大承载力桩基施工难题。

上海中心大厦局部侧面图

夜晚时分的上海中心大厦侧面图

黎明时分的上海中心大厦全景图

5 首次在超高建筑工程中运用套铣接头新工艺的地下连续墙施工技术，实现了主楼121m圆形自立基坑顺作，裙房基坑逆作的高效分区施工，达到工期、经济、环保的最优目标。

6 综合运用低水化热、低收缩混凝土裂缝控制技术，实现了高强C50、超长121m、超厚6m、体量6万m^3大体积混凝土一次连续浇筑，创造了建筑工程超大体积混凝土一次连续浇筑国内外新纪录。

7 综合运用性能指标协同控制的超高泵送混凝土技术，实现了C60混凝土实体泵送高度582m，C35混凝土实体泵送高度610m，验证性的将120MPa混凝土泵送至620m高度，创造了实体工程超高泵送混凝土高度国内外新纪录。

8 建立了新型智能模块化整体钢平台模架技术体系。发明了基于液压动力系统的提升式工艺和顶升式工艺的爬升技术，模架装备实现了模块化标准件集成及智能化控制。

9 创新采用了下降式悬浮空间平台技术方法。开发了支撑外幕墙的柔性悬挂钢结构下降式安装作业平台技术以及玻璃幕墙变形协调自适应滑移支座技术，解决了2万多块大小不一曲面玻璃幕墙的节点变形控制和精确安装难题。

10 突破传统工艺方法，率先在工程建设全过程采用数字化建造技术，实现了从设计、施工、运维的数字仿真建造，超高层建造技术手段不断创新，提高了工效，解决了难题，丰富了现代工程管理内涵，成为典范示范工程。

昆明新机场

总建筑面积　71.58万m²
开 工 时 间　2008年4月30日
竣 工 时 间　2012年6月28日
总　投　资　180.57亿元

昆明机场正面全景图

一、工程概况

昆明新机场位于昆明市官渡区大板桥镇，距市中心约24.5km，距小江地震带12km，其±0.000m相当于绝对标高2102.85m。

飞行区本期按4F标准建设东西两条跑道，东跑道长4000m、宽60m，西跑道长4000m、宽45m，两条跑道中心线间距1950m，场道总面积293万m^2。

航站区工程总建筑面积71.58万m^2，其中航站楼54.83万m^2（含屋面挑檐3.223万m^2、登机桥固定端1.23万m^2、地下结构架空层5.53万m^2），站坪停机位84个，可停泊空客A380等大型客机；停车楼16.74万m^2，楼前高架桥7.3万m^2。

设计目标为2020年旅客吞吐量3,800万人次，近机位数量68个。

工程于2008年4月30日开工建设，2012年6月28日竣工，总投资180.57亿元。

二、科技创新与新技术应用

1 大规模采用减隔震技术的大型枢纽机场工程，昆明新机场抗震设防综合技术，带动减隔震技术国产化创新，为今后类似工程设计提供了借鉴和示范，推动了地方优势产业发展。

2 应用了钢彩带结构作为屋盖的主要支撑体系，使航站楼建筑设计与结构设计达到完美的协调统一，开创了该类超大型异形钢结构的设计先例。

3 率先在国内大型机场实现行李自动分拣系统国产化：大型枢纽机场行李处理系统智能成套装备研制开发关键技术，填补了国内同类产品的空白，提高了我国大型机场行李处理系统的自主研发、制造和配套能力，为今后机场行李处理系统的市场开拓提供了保障。

4 国内机场首创基于BIM的机电设备安装4D管理系统与信息知识管理平台，为机场运维信息化管理探索了新的方法、技术和手段。

5 采用沥青混凝土跑道：双跑道新建沥青道面关键技术，建立了完整的施工规范和质量检测标准，为新一轮设计规范的修订提供了科学依据和工程实例。

6 同步开展了机场净空和电磁环境保护规划，并开发了机场净空三维管理软件。该两个规划和软件可方便了解机场净空、电磁环境的现状和未来的保护范围，保证机场安全运行并为未来发展预留足够和适宜的空间，优先保护、防患于未然。

7 机场建设中实施数字化施工及信息化的工程管理，“天宝数字化施工控制系统”实时控制施工质量，提高工作效益，实现了实时信息交流。

机场航拍

屋面挑檐

机场侧立面

机场高速公路

钢彩带

金属屋面

配电间

拉索幕墙

大空间吊顶

奥运工程

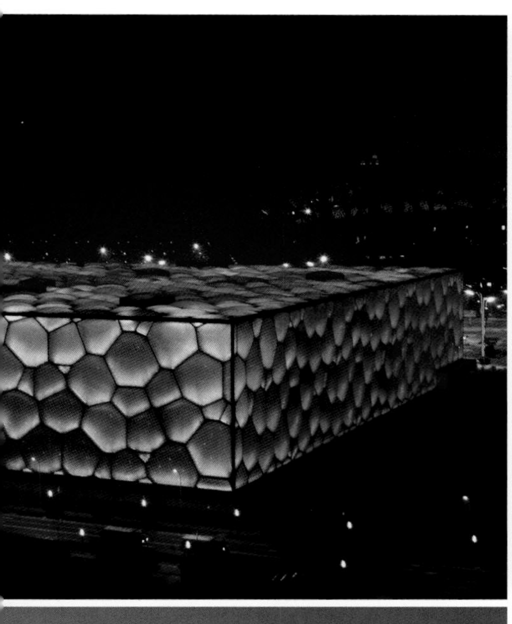

国家体育场（鸟巢）

占地面积	20hm^2
总建筑面积	258000m^2
建筑高度	69m
开工时间	2003年12月24日
竣工时间	2008年6月10日

一、工程概况

国家体育场是北京2008年第29届奥运会主会场，承担开闭幕式和田径比赛，可容纳观众91000人，工程位于奥林匹克公园中心区，占地面积20hm^2，总建筑面积258000m^2。体育场建筑造型呈椭圆的马鞍形，南北向长333m，东西向宽280m，外壳由42000t钢结构有序编织成“鸟巢”状独特的建筑造型；钢结构屋顶上层为ETFE膜，下层为PTFE膜声学吊顶。内部为三层预制混凝土碗状看台，看台下为地下2层、地上7层的混凝土框架－剪力墙结构，基础形式为桩基，建筑物高69m。国家体育场装饰装修设计将中国元素、人文关怀、国际潮流相融合，通过不同材料、不同色彩、不同元素的运用，将不同功能分区有机结合在一起。装饰选材及节点构造追求与钢结构造型相呼应，突出新颖奇特与返璞归真相结合的设计理念。工程于2003年12月24日开工建设，于2008年6月10日竣工。

国家体育场全景

二、科技创新与新技术应用

1 首次在国内外民用建筑工程领域中以耐久性100年为目标，从设计、施工到检测进行了系统、全面的研究，并应用于本工程中，取得了显著的社会、经济效益，在同类工程中具有重要的推广应用价值。

2 针对复杂的结构体系，进行了“国家体育场工程矩形钢管永久模板混凝土斜扭柱施工技术与应用”等一系列复杂结构的施工技术研究，很好地解决了施工难题，确保了工程质量，加快了施工进度。

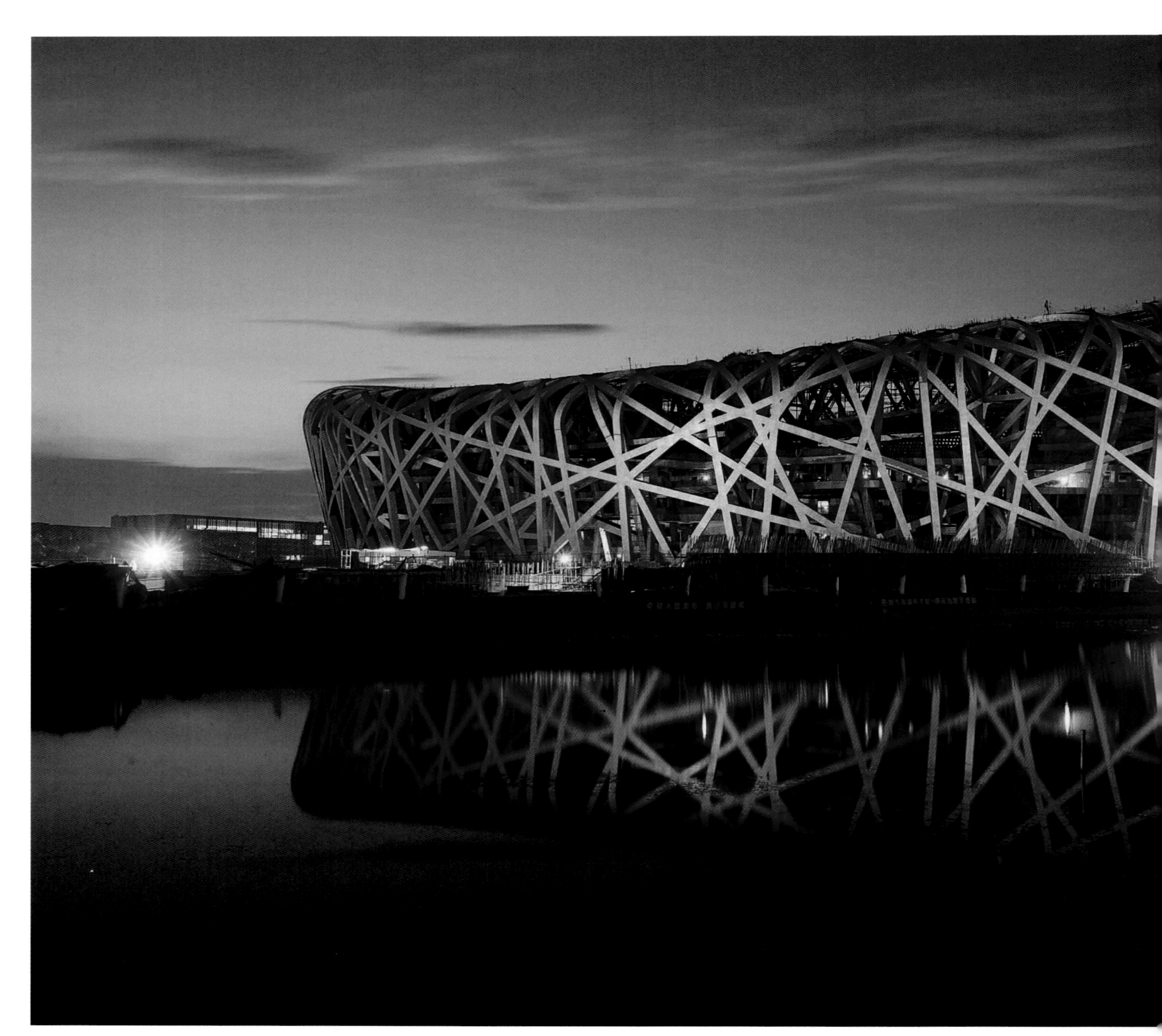

鸟巢夕照

3 国家体育场基础工程极为复杂，通过现场试桩研究确定桩基设计施工有关参数、成桩工艺、单桩设计参数、桩土共同工作效应和群桩效应，保证了基础桩施工工期、质量。

4 进行了国家体育场非预应力薄壁预制清水混凝土看台板技术研究，成功应用于国家体育场工程，取得了很好的效果。

5 采用国内首次试制、批量生产的Q460高强特厚板，并在国际上首次提出了此类钢材110mm厚板的焊接技术。

6 研究了国家体育场钢结构工程箱形弯扭构件及多向微扭节点制作及应用技术，在建筑钢结构制作领域填补了国内空白，达到了国内外同类研究项目的领先水平。

组合钢柱上柱吊装

钢结构合拢

屋顶膜结构

钢结构内景

预制看台

7 “国家体育场大跨度马鞍形钢结构支撑卸载技术”填补了国内外大跨度、复杂空间钢结构工程支撑卸载技术的空白，达到了国际先进水平。

8 研究并成功应用了大体量钢结构、高要求的钢结构防腐技术，取得了很好的工程效果。

9 建立了国家体育场工程总承包信息化管理平台、工程资料协同管理系统、钢结构信息化系统、4D施工管理系统，采用了视频监控和红外安防系统、雨洪利用系统、空调水管道沟槽连接技术、虹吸屋面排水技术、综合布排平衡技术，进行了紧急状态疏散计算机模拟分析技术、体育场内微气候研究与控制、专业声学设计与模拟、供配电系统关键技术等一系列研究，体现了“绿色奥运、科技奥运、人文奥运”的理念。

10 首次在国内体育场设计中采用国际上广泛应用于飞机等设计领域的三维CATIA设计软件，开创了此类软件在我国应用于建筑设计领域的先河。

移动草坪安装

钢结构柱组合柱安装

混凝土结构外立面

屋盖结构支撑塔架

鸟巢内景

国家游泳中心（水立方）

工程占地	62828m^2
赛时建筑面积	79532m^2
标准座席	17000个
永久座席	约6000个
地上高度	约31m

一、工程概况

国家游泳中心工程位于奥林匹克公园B区，奥林匹克中心区西南角，主体建筑紧邻城市中轴线，并与国家体育场相对于中轴线均衡布置。东面为景观路，西侧为景观西路，南侧紧临北顶娘娘庙，北侧为成府路。工程占地62828m^2，赛时建筑面积79532m^2，标准座席17000个，其中临时座席约11000个（赛后将拆除），永久座席约6000个。整个结构外形为立方体，平面尺寸为176.538m×176.538m，地上高度约31m。内部主要为钢筋混凝土结构，拥有1个标准竞赛池、1个标准热身池和1个标准跳水池及近5000m^{2}的嬉水乐园。

国家游泳中心夜景

主体地上一层，局部四层；地下二层。基础形式为桩支撑基础-无梁抗水板，混凝土部分为框架-多筒体抗震墙结构，上部结构为新型延性多面体空间刚框架结构，外墙体及屋盖被ETFE膜结构覆盖。地下建筑面积为57456m^2，地上建筑面积为29827m^2，地下二层主要为池底、车库、设备用房等；地下一层及以上为三个主要的池厅，分别为奥林匹克比赛大厅、热身池大厅和嬉水大厅。热身池大厅上方另预留赛后网球场，各层另设相关附属空间和设施，主要比赛层位于地下一层，主要观众层位于首层。

本工程基础底板以及外墙采用刚性自防水C35/P12+2层（4mm+4mm厚）聚酯胎Ⅱ型PE膜覆面SBS改性沥青防水卷材，桩头部位采用水泥基渗透结晶型及聚合物水泥砂浆防水材料涂刷；厕浴间、泵房、水处理等机电机房墙面、地板采暖区域的楼面及墙面防水等部位采用2mm厚的聚合物防水砂浆（Ⅱ型）；泵房、水处理等机房墙面采用2mm厚高聚物改性沥青防水涂料。所有泳池侧壁和内底板采用一种新型的“薄法”施工体系——雷帝泳池防水及饰面层施工系统，多道聚合物砂浆层+聚合物乳液防水涂料。

工程内部玻璃隔断墙体及建筑物四面入口门斗处均采用全玻璃幕墙，室内连接桥部位采用点支式幕墙。为满足建筑使用功能，配备了先进复杂的机电系统，机电工程涉及54个系统。

东南向鸟瞰

二、科技创新与新技术应用

1

进行了多面体空间钢架结构的设计、实验及施工安装技术研究，并成功应用于国家游泳中心工程，技术达到国际先进水平。成功研究了新型多面体空间刚架的几何构成理论及数据化建模技术、大型复杂结构的总装分析技术与设计优化技术、大型复杂结构的抗震抗倒塌设计技术、弯矩与轴力及其共同作用下焊接空心球节点的受力性能与设计方法、钢管受弯连接节点的新型贴板加强技术及其设计方法、大型复杂钢结构施工安装全过程的仿真分析技术、复杂钢结构工程安装技术、空间钢结构三维节点快速定位测量技术、Q420C级高强钢材焊接技术、大型钢结构支撑体系同步等距卸载技术、超大型支撑体系应用技术。

首层东南观众入口

二层观众疏散平台

2 ETFE充气膜在国内首次应用，在引进消化国外原有技术基础上进行了大胆的自主创新，填补了多项国内外空白，形成了从设计、施工到监控、验收标准的一整套完整技术。进行了ETFE气枕构造及密封系统设计研究、热工、声学及光学性能设计研究，施工关键技术研究、电子监控系统研究、工程技术及施工质量验收标准研究，整体技术达到国际先进水平。

3 应用了“建筑业十项新技术”中的十项四十五个子项。对耐久性100年的混凝土施工技术、预应力大梁大体积混凝土施工技术、梁下脚手架支撑体系等技术进行了全面研究，取得了一定的创新成果。

4 采用了多种环保节能技术，包括空腔通风、冷水机组冷凝热回收、自然通风、ETFE膜、LOW-E中空玻璃、大空间空调系统节能、泳池大厅空气品质、游泳馆防腐蚀技术、给水排水创新技术、景观照明设计技术等。

奥林匹克比赛大厅

西出入口

北大厅

西南向鸟瞰

钢结构

LED景观照明

观众座椅

制冷机房

更衣间

卫生间

泡泡吧

水处理机房

热力机房

国家体育馆

总用地面积 6.87ha
建 筑 高 度 42.747m
建 筑 面 积 80890m^2
总 投 资 约8.5亿元
竣 工 时 间 2007年11月20日

一、工程概况

国家体育馆坐落于北京奥林匹克公园中心区的南部，是第29届北京奥林匹克运动会三大主场馆之一，奥运期间进行了体操、手球、蹦床和轮椅篮球比赛，可容纳观众2.0万人。

国家体育馆建设用地南北长约335m，东西长约207.5m，总用地面积6.87ha。体育馆由主体建筑和与之相连的热身馆以及室外环境组成，建筑高度42.747m，建筑面积80890m^2，室外绿化及道路面积44000m^2，总投资约8.5亿元。国家体育馆是奥运中心区唯一自主设计、施工的场馆，体育馆屋顶曲面近似扇形如行云流水般飘逸又富于动感，四周竖向分部的钢骨架与大面积晶莹剔透的玻璃幕墙相映衬，犹如一把张开的中国折扇，空间投影为秦朝的刀形古币，彰显出中国文化的内涵，是目前国内设施最完善的体育馆。

国家体育馆地下一层，地上四层，其中地下一层为车库、人防及设备机房，首层为比赛馆、热身馆和办公用房，二层、四层为观众看台和休息大厅，三层为VIP包厢。比赛馆采用筏板基础；热身馆采用柱下扩展基础，主体结构形式为框架剪力墙与型钢混凝土框架—钢支撑相结合的混合型结构体系。

本工程采用横向水平玻璃肋竖向吊杆结构体系的中空low-e节能玻璃幕墙，钢屋架双向跨度达114.5m×195.5m呈南高北低的弧形曲线，比赛馆采用双向张弦空间网格结构，金属屋面覆盖外壳由铝镁锰合金板和玻璃条形采光窗组成的体系。

国家体育馆于2007年11月20日完工。

夜景

东南入口

内景

国奥村
国奥村
国奥村

二、科技创新与新技术应用

1 深基坑支护设计与施工技术：完成了大型深基坑不同深度对应不同支护方案的应用研究，为深基坑施工积累了大量的施工经验，技术水平达到了国内先进水平。

2 自密实混凝土：本工程劲性柱型钢截面大，钢筋排布密集，型钢外围有多排主筋、多支箍筋、拉筋、腰筋等，钢筋间距10～30mm之间，钢筋网片距型钢柱最大间距60mm，采用自密实混凝土，一次性浇筑最大高度达14m，为国内领先。

3 比赛馆采用双向张弦空间网格新型空间结构体系，创造性地提出了“带索累积滑移”的施工方法，在国内外是首次应用，填补了国内外空白，达到国际领先水平。

4 大面积水泥基自流平地面施工技术：地下室和比赛场区采用水泥基自流平地面，表面平整、无裂缝。

东南立面全景

西南入口

5 清水硅酸钙板墙面施工技术：工程室外和室内二层以上环廊墙面均采用干挂硅酸钙板墙面，挂件体系为“慧鱼”专门挂件，墙面平整、缝隙顺直，表面满足清水效果。

6 大跨度中空low-e节能玻璃幕墙施工技术：国家体育馆幕墙工程属于大跨度幕墙系统，玻璃全部采用中空low-e节能玻璃，具有保温、隔热、防紫外线等效果，保证场馆内人员不受外面气候影响，并充分利用自然采光，有效降低场馆运营成本。

比赛场地

7　金属屋面：国家体育馆是奥运中心区内唯一采用金属屋面的场馆，符合防雨、抗风、降噪、保温、大雪荷载和暴雨虹吸等众多的设计标准，满足了奥运比赛的需要，又兼顾了多功能性演出的需要。

8　太阳能光伏发电：体育馆南侧建设的并网太阳能光伏发电站，是我国第一个与体育馆建筑主体相结合的太阳能发电系统。太阳能电池板不仅能发电，还具备为建筑物提供遮阳、采光、挡雨的功能。

双向张弦空间网格结构

钢屋架带索累积滑移过程

三层采光环廊

型钢梁柱安装

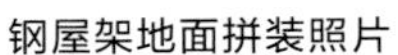

钢屋架地面拼装照片

现浇清水混凝土看台

9 馆内为降低建筑能耗，采用了分区空调系统，将观众席分为若干个区，分别设置空调通风系统，方便控制，提高运行效率。观众区采用座椅下送风的分层空调方式，仅维持高大空间的下部室温，节省能量。

10 水源热泵供暖空调技术：工程设有三台双温地能热泵主机组组成能量提升系统，满足建筑冬、夏负荷需求。

11 国家体育馆地基尝试采用废钢渣代替传统沙石进行回填，既满足了施工需要，也使46800m^3，共计10余万吨的废料变废为宝，节约工期，同时贯彻了绿色奥运的精神。

12 国家体育馆的集散广场铺装采用的是渗水地面材料，使大部分雨水能够渗透到地下，屋面上的雨水可进行收集。

13 国家体育馆工程还采用了成套的建筑节能、节地、节材、环境保障、信息化技术体系，实现了“绿色奥运、科技奥运、人文奥运”的理念。

北京奥林匹克公园国家会议中心击剑馆

总建筑面积	约93782m^2
建筑高度	43.5m
开工时间	2005年4月29日
竣工时间	2008年4月23日

一、工程概况

北京奥林匹克公园（B区）国家会议中心击剑馆是世人瞩目的奥运工程，在奥运会期间提供奥运会击剑及现代五项中击剑和气手枪、残奥会硬地滚球及轮椅击剑等比赛项目的使用场所；奥运会后改造成为北京举办国际性会议、综合展示活动的大型会议中心。

东南立面全景

国家会议中心击剑馆位于北京奥林匹克公园（B区）B21、B22地块，总建筑面积约93782m^2。建筑高43.5m，长398m，宽148m。

工程建设单位为北京北辰会议中心发展有限公司，工程由北京市建筑设计研究院设计，北京赛瑞斯国际工程咨询有限公司监理，北京建工集团有限责任公司总承包施工，本工程于2005年4月29日开工，2008年4月23日竣工。

本工程基础结构形式为钢筋混凝土梁板式筏形基础，结构形式为钢筋混凝土框架剪力墙结构、劲性钢结构、钢框架结构、钢桁架结构，屋盖结构形式为全现浇钢筋混凝土楼板、钢结构铝折板屋面。地下防水为抗渗混凝土结合4mm+4mm聚酯胎Ⅱ型SBS防水卷材。

二、科技创新与新技术应用

1 楼面行走大型塔式起重机安装大跨度钢屋盖的研究和应用：现场设计并制作可拆装式分体式工装支撑，路基箱下的支撑牛腿可以根据混凝土柱子间距的变化而进行调整，创造性的通过工装支撑使大吨位塔吊可以在混凝土楼板上行走，有效地解决了大面积施工构件的吊装问题。

2 奥运场馆大跨度钢结构楼板竖向减振体系改善舒适度的研究和应用：通过布置72套TMD阻尼器减振装置，对5种最不利工况进行了对比模拟测试，满足人体舒适度要求。

3 国际广播中心声学技术研究与应用：将体育场馆、建筑设备与国际广播中心放在同一建筑主体内的建设布局在奥运史上没有先例，通过声学控制成套技术研究，解决了体育场馆、建筑设备与国际广播中心在同一建筑主体中的隔声难题。

击剑馆前大厅

南立面夜景

击剑馆内部实景

多功能直立锁边金属屋面

摇摆柱与水平弓形桁架支撑体系干式密闭玻璃幕墙

报告厅双曲面铜板幕墙

观光电梯

基础地梁钢筋施工

200m超长钢桁架多点整体提升

国家会议中心鸟瞰

结构工程东南立面

4 大体量的清水混凝土技术：使得整个模板工程节省资金400余万元。混凝土墙体达到清水效果，在装修阶段不需要抹灰，节约资金约20余万元，并且缩短了工期。21万m^3混凝土结构外观质量好，颜色均匀尺寸偏差小于3mm。

5 大型奥运场馆厨余垃圾真空管道收集技术研究与应用：工程厨余系统管道全长为1350m，经科技查新单位查新，属国内外最长；国内首次在大型体育场馆采用负压真空吸尘技术，工程吸尘服务总面积近15万m^2，为国内最大的吸尘系统。系统管道总长达1.58万m，共设置吸尘机房5座，吸尘主机13套，末端吸尘口2033个。

6 国家会议中心击剑馆从设计上充分考虑“四节一环保”，包括雨水收集、净化、存储再利用综合技术，自然通风系统技术、场馆灯光智能场景照明系统等，充分体现了“绿色奥运、科技奥运、人文奥运”三大理念。

7 多功能铝镁锰合金金属屋面系统（长400m，宽150m，面积6万m^2）：6万m^2金属屋面为国内外单体工程最大的金属屋面。100m单跨通长屋面面板为国内外最长。采用理论与实际相结合的研究方法，对本屋面系统模型进行了保温、隔声、吸声、气密性、水密性、抗风掀性能、热循环等试验，均满足或者超过规范及设计要求。

多功能直立锁边金属屋面南部

大展厅钢结构施工场景

钢结构整体效果

北京奥林匹克篮球馆

总建筑面积 6.3万m^2
南北轴线宽度 40m
东西轴线长度 60m
开工时间 2005年3月29日
竣工时间 2008年1月10日

一、工程概况

北京奥林匹克篮球馆是第29届北京奥运会篮球比赛场馆，在奥运比赛之后作为NBA比赛场馆，同时还可进行排球、手球、拳击、艺术体操、滑冰和室内足球等国际比赛；此外还能够满足体育比赛以外的一些活动。

北京奥林匹克篮球馆坐落于北京市五棵松文化体育中心建筑组群的东南部，东临西翠路，西临西四环，南临长安街延长线。篮球馆包括一个1.8万座位的比赛馆和一个单层热身训练馆。总建筑面积为6.3万m^2。比赛馆的东西向和南北向轴线长度均为120m。热身训练馆位于比赛馆的南侧，南北向轴线宽度为40m，东西向轴线长度为60m。

五棵松篮球馆全景（摄影：陈卓文）

在比赛馆、训练馆的外围，沿建筑物的周边设有环形车道。车道的地面标高与比赛场地大致相同为自然地平以下10m左右。车道的外侧是约11m高的挡土墙。跨过环行车道设有六座人行天桥。南面是一个约4万m^{2}的广场。

篮球馆建筑±0.000绝对标高为50.15m，建筑檐口距室外街道地面高度为27.86m，建筑檐口距下沉广场地面高度为37.36m。结构形式地下一层、地上六层。二层以下采用现浇钢筋混凝土框架—剪力墙结构，二层以上至屋顶桁架的下弦这一高度范围内沿建筑周边布置了八道柱间支撑，柱顶用一圈槽形梁联系，形成现浇钢筋混凝土框架—剪力墙—钢支撑结构体系。屋盖结构采用跨度为120m×120m的双向鱼腹式钢桁架结构体系。桁架间距12m，共有26榀，为双向对称布置。呈上弦水平下弦鱼腹式变高度双向受力桁架，共有7种形式，从支座处到跨中高度为6.3～9.3m。钢屋架总重3500t，最重的一榀桁架为163t，最轻的一榀为48t。整个屋架坐落在周边二十根钢筋混凝土柱上，距地面37m。

篮球馆外围护结构采用纳米易洁单元式带肋玻璃幕墙体系，加一层金色装饰铝板。屋面采用PVC防水卷材系统，包括防水、隔声、隔热、保温等9种材料组成的复合屋面。

北京奥林匹克篮球馆于2005年3月29日开工，2008年1月10日竣工。

奥运倒计时200天主题大型演唱会

开工仪式

软包观众座椅

训练馆内景

二、科技创新与新技术应用

1 采用了大量的节能环保技术，包括区域性综合节水技术、太阳能光伏发电技术、绿色照明技术、热回收系统技术、中央空调分布式系统节能控制技术、地板辐射供冷技术、装饰材料环保检测技术等。

2 大跨度双向鱼腹式钢桁架结构施工技术：篮球馆屋盖结构为双向鱼腹式空间钢桁架结构体系，桁架上弦水平、下弦呈鱼腹式变高度，施工难度大。针对工期紧、场地狭窄、与土建施工需交叉配合等特点，通过科技攻关，创造性地提出并实施了三滑道、六滑轨、多点顶推累积滑移施工方法。节约资金825万元，创造了良好的经济效益与社会效益。

3 纳米易洁单元式立肋玻璃幕墙技术：篮球馆外玻璃幕墙采用中国原创国际领先的纳米易洁技术，解决了玻璃幕墙的清洗和保洁问题；采取一系列措施，达到了幕墙系统对断热保温的要求和防水要求；创造性地设计了一个内部全包的“U”形槽结构，解决了玻璃肋固定的难题。

4 PRC轻质复合隔墙板施工技术：本项目创造性地提出钢结构辅助分层安装法，有效解决了超高、超长隔墙的安装难题；提出了一种有效的板缝处理措施，解决了板缝防裂的施工难题；形成了有自己特色的PRC轻质复合隔墙板施工工艺及施工工法。“超高PRC隔墙钢结构辅助分层安装方法”及“PRC墙板板缝防裂处理措施”技术属国内首创。

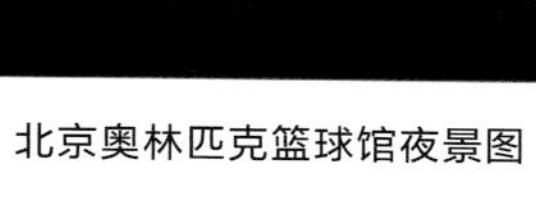

北京奥林匹克篮球馆夜景图

消防水炮演练

主体结构内部施工

钢结构滑移施工

钢结构

内景

5　本工程应用了抗渗混凝土裂缝防治技术、大体积混凝土裂缝防治技术和清水混凝土技术，确保了高性能混凝土的施工质量达到最佳的预期效果，节约资金212万元，取得了很好的经济效益及社会效益。

6　粗直径钢筋直螺纹机械连接技术：采用直螺纹连接法与搭接法相比，节约钢材706t，约值257.69万元。取得了较好的效益。

7　大跨度钢结构施工过程中受力与变形监测和控制：开发了光纤—光栅传感的应力—应变和温度即时监测技术，并成功应用于篮球馆钢结构累积滑移施工过程的监测中，为钢结构的施工提供了安全保障。桁架落架后的最大挠度出现在HJ1的跨中位置，最大挠度为135mm，小于验收标准的145mm，满足要求。

钢结构滑移施工

钢结构

针对北京奥林匹克篮球馆工程设计复杂、科技含量高、施工难度大的特点，本工程在科技、节能（环保）方面积极推广应用了住房城乡建设部十项新技术中的九大项、共26个子项目，取得了良好的效果。

北京工业大学体育馆

总建筑面积	24383m²
总 投 资	2.1亿元
最高点高度	26.550m
最低点高度	5.020m
钢结构用量	62kg/m²

一、工程概况

北京工业大学体育馆工程是2008年奥运会羽毛球和艺术体操比赛馆，坐落于北京东南北京工业大学校园内。本馆总建筑面积24383m²，总投资2.1亿元，由比赛馆和热身馆组成，比赛馆内观众座席7500个，其中包括一般观众席、贵宾席、记者席，残疾人席位等。根据奥运工程设计大纲，本馆内还设有贵宾室、运动员休息室、会议室、更衣室、成绩处理中心、新闻发布厅等各类功能用房，完全满足大型国际比赛需要。本馆作为奥运会羽毛

全景

球和艺术体操专用比赛馆，同时具备承办国际、国内大型室内体育比赛的能力，赛后不仅作为学校文体活动中心，同时多方位服务于社会，包括向周边社区开放、作为国家羽毛球队的专业训练基地、世界羽联培训基地等多种赛后用途。

比赛馆局部地下1层，主体部分4层；热身馆地上1层。建筑抗震设防烈度为8度。

本馆主体为钢筋混凝土框架结构；比赛馆屋盖结构形式为弦支穹顶钢结构，跨度93m；热身馆为单层钢网壳钢结构；基础为钢筋混凝土独立基础。其中比赛馆大跨度钢结构屋盖平面呈椭圆形，长轴方向最大尺寸为141m，短轴方向最大尺寸为105m；立面为球冠造型，最高点高度为26.550m，最低点高度为5.020m，由上弦单层网壳、下弦5圈环索与径向56根拉杆、竖向28根撑杆组成。钢结构用钢量62kg/m^2。通过所撑体系引入预应力，减小了结构位移，降低了杆件应力，减少了结构对支座的水平推力，提高了结构整体稳定性。

二、科技创新与新技术应用

1

屋盖主结构——新型弦支穹顶结构研究、设计与施工：采用的新型预应力弦支穹顶结构体系是目前世界上已经建成的跨度最大的弦支穹顶结构。研究人员在新型预应力弦支穹顶结构体系的优化设计理论研究，结构体系和节点创新设计，张拉施工优化方案，结构模型静力和动力试验，结构防火、抗风、抗震性能研究，结构全寿命健康监控等方面都取得了创新性成果。工程用钢量62kg/m^2，设计、施工技术达到国际先进水平。

鸟瞰

2

空调系统的研究、设计与施工：为达到羽毛球比赛场区风速小于等于0.2m/s的要求，施工单位与设计单位组织相关专家共同进行科技攻关，在空调系统设计、施工和调试过程中进行大量深入研究和模拟试验工作。比赛大厅区域的空调系统气流组织设计采用下送上回的独特形式，通过座椅底下9100多个旋流风口送风，由上部的百叶风口进行回风，成功地解决了比赛场区和观众席温度、通风的不同要求，得到广泛好评。

南立面

比赛馆内景

观众席风速温度测试

比赛馆铸钢节点撑杆上接头

比赛馆预应力最外圈张拉前一节点

钢结构模型实验

预应力张拉监测仪器布置

预应力索张拉施工

撑杆节点

比赛馆、热身馆钢结构全貌

脚手架搭设

3 采用了冷热源系统（地热+水源热泵）：北京工业大学体育馆供暖、制冷系统采用先进的深层地热技术和水源空调技术。体育馆供暖热源采用深层地热资源，制冷冷源采用浅层地热资源，具有“零污染、零排放”的特性。在整个供暖、制冷过程中，浅层地下水和深层地下水均不与制冷、供暖用水混合，而是单独的一个密闭循环系统，且均为物理作用而非化学作用，所以不会对环境和地下水资源产生任何的影响。场馆制冷、供暖温度达到设计要求，1年节省运行费用100万～400万元，按系统使用寿命期为15年计算，节省费用约1300万～5800万元。

4 工程还采用了其他节能、节材、节水和环境保护技术以及建筑智能化系统调试技术。

5 建筑企业管理信息化技术：施工过程应用计算机进行辅助管理，提高了工作效率，加快了工作速度，节省了管理成本，计算机辅助管理有：工期管理、成本预算管理、工程物资管理、财务会计管理、文件资料管理、图纸深化设计、施工方案设计计算、现场混凝土浇筑质量控制及网络传输信息文件传递等。

北京奥林匹克射击馆

总建筑面积　45645m²
决赛馆面积　15640m²
开 工 时 间　2004年7月13日
竣 工 时 间　2007年7月13日

一、工程概况

北京射击馆工程位于北京市石景山区福田寺甲3号，于2004年7月13日开工，2007年7月13日按合同规定完成并通过竣工验收。由决赛馆、资格赛馆以及枪弹库和武警用房3大功能区组成，总建筑面积45645m²，是当时国内规模最大、靶位数最多、项目最全的全天候射击比赛场馆。北京奥运会和残奥会期间，这里举行了射击步枪、手枪共10个项目的比赛。

东南立面

工程采用天然地基、筏形及独立柱基，混凝土框架结构。决赛馆面积15640m^2，地下1层，地上4层，建筑高度23.7m，设置10m、25m、50m靶套用比赛场地，观众与运动员、赛事组织管理人员采用立体分流方式组织交通流线，保证各部分各行其能，互不干扰。共有观众座席2493座，是全封闭式室内射击馆。靶场采用钢管桁架金属屋面，观众厅采用正方四角锥螺栓球节点网架金属屋面。外墙为玻璃及铝板幕墙、清水混凝土挂板饰面。

资格赛馆地上三层，建筑面积23825m^2，建筑高度18m，四个靶场分两层竖向叠摞的布置方式，一层为25m、50m两个半露天靶场，二层为10m靶、10m移动靶两个室内靶场，从北向南，分别设置靶场射击区、裁判区、观众座席区、绿色中庭、观众休息厅等几个功能。设置大跨度柱网体系，在同一组比赛靶位内实现无柱空间，共有观众座席6491个。比赛厅为钢管立体桁架金属屋面，附属用房为混凝土梁金属屋面。外墙为“生态呼吸式”智能玻璃幕墙、铝板幕墙及清水混凝土挂板饰面。其中二层、三层观众休息厅东西方向有长达256.8m的贯通室内空间，是当时国内最长的体育建筑室内空间。

枪弹库地上两层，建筑高度12.4m。钢筋混凝土加保温防水屋面，外墙为喷涂饰面。主要为射击馆枪、弹储藏仓库，少量办公用房。武警用房地上三层，建筑高度11.7m。钢筋混凝土加保温防水屋面，外墙为保温节能围护墙体、喷涂饰面，为武警专用建筑，设有办公、厨房、食堂、接待及辅助用房。连接体为集散广场，天然地基，独立柱基础，框架结构体系，屋面采用变截面倒三角钢管桁架结构，轻质金属屋盖，能容纳近万人，是当时北京最大的室外有顶无柱空间广场。

东南立面

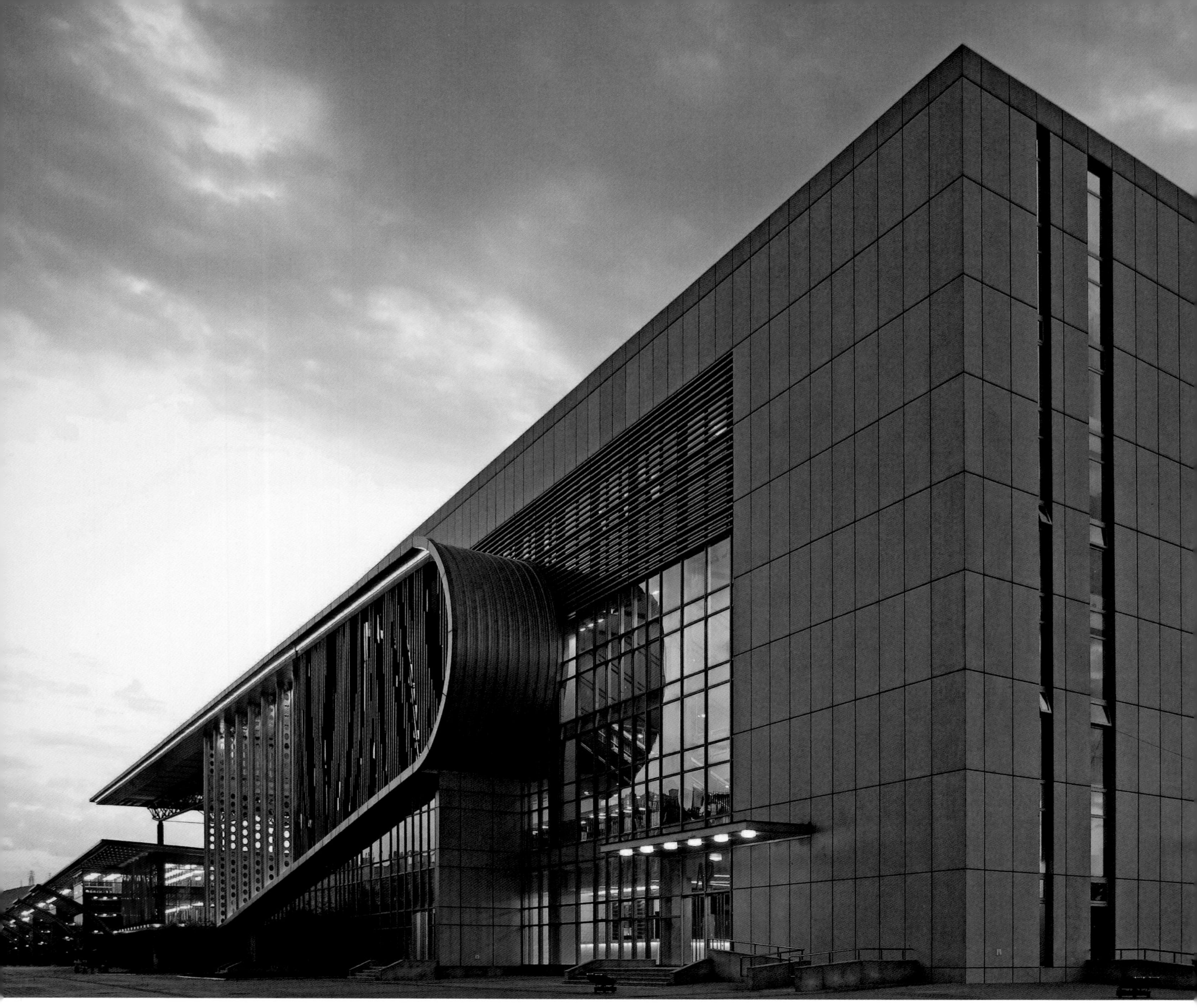

资格赛馆立面

二、新技术应用与科技创新

1

双向预应力异形（轻质材料填空）楼板设计与施工技术：资格赛馆二层比赛区域23.7m × 117.6m为国内同类结构中最大跨度的双向预应力异形截面轻质材料填充楼板，厚度为700mm，实现了大跨度室内无柱比赛场地，该技术达到国内领先，国际先进水平。施工采用碗扣架支撑体系，18mm厚覆膜木胶合板模板、95 × 43工程木龙骨组合的模板体系，解决了超长混凝土结构无缝施工。

为了降低噪声，位于资格赛馆两个比赛场地中间二层的空调机房楼板采用“浮筑楼板”技术，使地面“浮筑”在结构楼板上，再辅以空调机组的减振台座和组合减振器，并采用弹性连接方式，避免了从设备间传来的振动对运动员产生干扰。该技术达到国内领先水平。

主馆和资格赛馆连接体局部

资格赛馆中庭

2 外墙预制清水混凝土挂板技术：是奥运工程同类项目中最先采用的外墙装饰做法，防声、保温、装饰效果好。其全新的节点构造做法已经申请获得国家专利批准。通过历时45天、25批次混凝土配比优化和5次样板工艺试验，制定了施工工艺及质量验收标准。该技术达到国内领先水平。

3 独立知识产权的“生态呼吸式”节能幕墙技术：采用具有独立知识产权的“生态呼吸式”双层幕墙5500m^2，在幕墙中安装有温度感应装置，可以根据温度的变化，实现自然通风对流，适度调节室内温度，减少了空调制冷和取暖的耗能，制定了奥运工程专项验收标准，该技术达到国内领先水平。

10m射击场

资格赛馆休息厅

4

半封闭半开放全空调比赛空间，尽可能采用自然光照明。设计采用CFD三维通用流体流动和传热计算程序，通过数值计算得到空调效果模拟分析结果和结论，确定设计方案。设计了全空气空调与射击位区斜上方的风机盘管+低温热水地板辐射采暖相结合的空调系统，较好地解决了开敞部位空调冷风的流失和室外热空气的流入。在保证与室外直接相通的前提下，实现了室内部分的全空调环境。两馆射击位区、活动座位区和固定座位区的空调系统均可独立运行，实现空调、机械通风、自然通风三种运行方式。该技术达到国际领先水平。

5

雨污水的回收采用专利技术GTS土壤复合生态污水处理系统——地沟式土壤污水处理技术，即利用土壤毛细作用、土壤吸附及过滤作用、改性土壤的生物降解作用、土壤中植物摄取作用与人工生物系统相结合对污水进行净化，日处理能力为172m^3。

6

太阳能集中热水供应成套技术：武警用房淋浴系统，采用12套联集管式太阳能热水器，利用“热二极管原理”，实现“承压联箱、热管、真空管”三个结合，采用集中的集热器、储水箱和辅助热源相结合，机械循环运行和变频恒压供热水。系统装置的日平均热效率≥50%。

7

清水混凝土饰面施工技术：利用预制挂板的配合比，通过现场8次样板工艺试验，制定了施工工艺标准和质量验收标准，模板采用计算机辅助设计，运用统筹学原理，确定整体排布原则，采用了芬兰维萨板、新西兰工程木、自行研发设计的专用工程木卡具和定型全钢圆柱模板、梁柱节点定型钢模板、全钢墙体大模板体系。该施工技术达到了国内领先水平。

决赛馆比赛厅

看台梁

生态呼吸幕墙

决赛馆东南立面

主馆和资格赛馆连接体

北京奥林匹克老山自行车馆

建筑用地	6.66hm^2
总建筑面积	32920m^2
主赛馆檐高	20.8m
最大投影直径	149.536m
最高点标高	36.56m
总重量	2000t

一、工程概况

老山自行车馆位于北京市石景山区老山国家体育总局自行车击剑运动中心基地西侧，是2008年奥运会主要新建场馆之一，可容纳观众6000人。本工程是国内首座全天候室内木制赛道自行车场馆，承办了2008年奥运会自行车项目的比赛。

本工程建筑用地约6.66hm^2，总建筑面积32920m^2，由主赛馆和裙房组成。主赛馆地下局部一层，地上三层，檐高18.80m、钢屋架最高点

全景

34.30m，地下最低点-5.10m；裙房高度7m。主赛馆建筑平面外围呈圆形，中心赛道呈椭圆形，从空中俯视犹如绽开的向日葵。局部地下一层为要人紧急避险处及消防水池，层高4m，基础最深处标高-5.10m。地上从内到外，按照内场—赛道—看台—附属用房的顺序，依次错落布置三层。

主赛馆建筑檐高20.8m，钢屋盖采用双层焊接球球面网壳结构，最大投影直径149.536m，最高点标高36.56m，总重量2000t。主赛馆屋面采用了“贝姆”系统金属屋面做法。

本工程设计使用年限50年，建筑安全等级二级，耐火等级一级，结构抗震等级二级，按照8度抗震要求设防。基础形式为钢筋混凝土独立柱基础；主体结构采用钢筋混凝土框架-剪力墙结构，并运用了有粘结预应力和无粘结预应力成套技术；主赛馆屋盖采用巨型双层焊接球球面钢网壳结构、由24根直径1.3m的单肢人字形钢管柱支撑，整个屋盖的重量通过铸钢支座传递给下部的混凝土结构。

全景

主赛场内景

观众入口大厅

贵宾休息厅

清水混凝土垂板和圆柱

二、科技创新与新技术应用

1 大跨度钢网壳外扩拼装与拔杆接力整体提升安装技术：主赛馆钢网壳采用正放四角锥焊接球节点，网格尺寸约4m，总重量570t。钢网壳安装采用外扩拼装与拔杆接力提升相结合的施工方法，逐圈外扩、逐步提升，分别设置内环、中环、外环三圈拔杆，拔杆由绞磨牵引，通过人工推动绞磨提供动力。采用这种施工方法取得了理想的施工效果。外扩拼装、拔杆接力整体提升施工方法是老山自行车馆工程中的一次技术创新，形成的《巨型钢网壳综合安装技术研究》获得了“北京市科学技术进步三等奖”。

2 全铸钢支座及巨型人字柱空中定位安装技术及大直径环梁系统高空原位散拼技术：屋盖巨型钢网壳采用以人力推绞磨为动力，以拔杆群相互拉结为承重机构，以滑轮组为牵引装置的整体提升系统，降低了整体机械吊装的风险；周长400m的巨型环梁采用高空原位散拼方法安装，安装过程中巧妙地以安装完成的钢结构作为下步安装的支撑，分段分阶段进行，每一个施工阶段结构都自身构成稳定体系，无需搭设承重平台，而是采用了轨道式移动平台，节省了大量脚手架材料，而且大大提高了施工的安全性。

钢网壳屋盖

变配电室

安保监控室

3 首层外围24根直径1.3m的圆柱和二层周长400m的垂板采用现浇饰面清水混凝土技术：编制了《老山自行车馆饰面清水混凝土施工质量验收标准》，解决了无施工标准和验收依据的问题。饰面清水混凝土圆柱和垂板的成功施工成为本工程的一大特色和亮点，获得了业主、设计、监理等单位高度评价的同时该做法节省了装修施工费用。

4 “贝姆”系统金属屋面安装技术：老山自行车馆“贝姆”屋面自中心向四周分成三部分，依次为中心核心圈、聚碳酸酯采光屋面和铝锰镁合金板屋面，兼具防水、隔热、保温、吸声、采光通风等多重功能。

5 木质赛道安装技术：赛道面层及桁架全部采用西伯利亚松木加工而成，以满足赛道所需的硬度、防滑性、抗变形能力和防腐蚀能力。

6 节能技术：比赛场地、观众席的全空气空调系统的空调机组采用变风量空调机组，可根据馆内的实际负荷调节供风量。

木质赛道

主赛馆金属屋面中心设有2000m^{2}的双层聚碳酸酯板采光屋面，聚碳酸酯板透光率达12%，通过自然采光完全可以满足白天常规训练的光线要求，大幅度减少灯具照明产生的能源消耗。采光屋面设置36樘自动开启天窗，可根据电脑模拟设定的环境状态在不同阳光照射强度、温度和气候条件下自动开启和关闭。

通过设置联集管式太阳能集热器，达到利用太阳能辐射热使水加热。在场馆北侧群房屋顶上设置了80组SLL-1200/50的太阳能热水器与辅助热源共同作用，提供了运动员休息室淋浴和比赛训练集中淋浴所需的热水。

低温地板辐射辅助采暖系统：比赛内场设有低温地板热辐射辅助采暖系统，在赛后使用模式下，有效降低采暖及空调能耗。其总耗热量约400kW，相对节约率约20%。

制冷机房

采光天窗

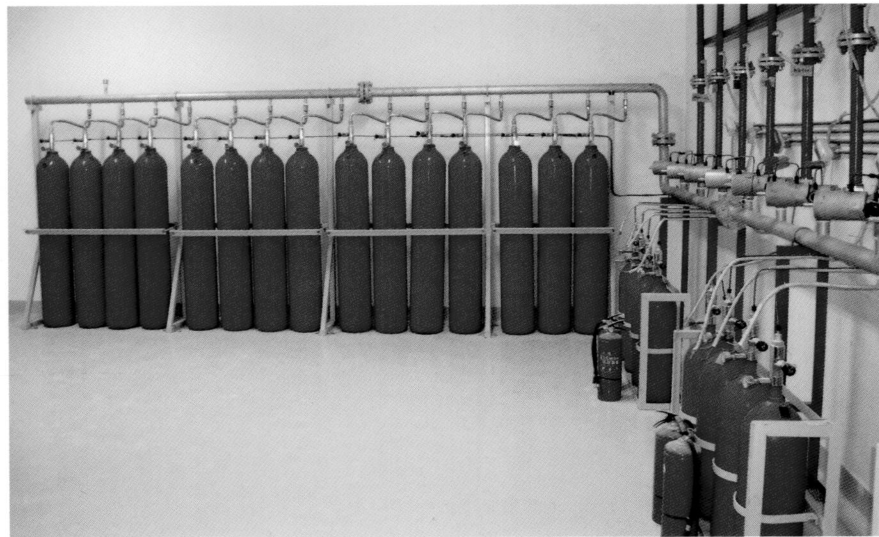

灭火气瓶间

北京奥林匹克顺义水上公园

占地面积　162.59hm^2
总造价　3.27亿元
开工时间　2005年7月22日
竣工时间　2007年7月18日

一、工程概况

奥林匹克水上公园是2008年北京奥运会赛艇、皮划艇、马拉松游泳比赛场地，是世界上唯一的集激流回旋场地和静水比赛场地为一体的人工比赛场馆。“林丰、水清、气爽”，与建筑交相辉映，和谐统一，充分体现“绿色、人文、科技”三大理念，成为北京奥运会最具特色的比赛场馆之一。

工程规划占地面积162.59hm^2。合同总造价3.27亿元。该工程规划设计三个主题区：赛艇皮划艇中心区包括：比赛赛道和热身赛道、“龙

静水赛场鸟瞰

舟”形式的主看台、“玉灯笼”的终点塔、“双船”型的静水艇库、绿草茵茵的东岸观众站席看台等；激流皮划艇中心区包括：奥运会激流回旋水道、初学者热身水道、波浪型动水艇库等；生命之环及庆典广场区包括：互动喷泉、“金、木、水、火、土”五行元素的雕塑与雕塑式铺地、标志性的节庆场地及展览空间。

工程包括16个单体建筑；13万m^2场地强夯处理、200万m^3的土方挖填自平衡及激流回旋区堆山；70万m^2的赛道防渗工程；2400kW提升泵及中水、污水处理等机电设备安装工程；6万m^2的广场地面铺装；10km的场内道路工程；70万m^2的园林绿化；静水区域单跨跨度由16m到35m不等的4座桥梁和动水区域的8座步行桥。

工程设有给排水、通风空调、变配电以及智能照明管理、自动消防与报警、楼宇自动化、综合布线等智能化系统、电梯。

工程开工时间为2005年7月22日，竣工日期为2007年7月18日。

静水赛场主看台

二、科技创新与新技术应用

1

赛道防渗、防浪技术：公园水面面积64万m^2，防渗面积近70万m^2，大面积采用高密度聚乙烯土工膜作为赛道的防渗材料，在国内尚无先例。防渗膜施工中采用了双缝热合焊接、单缝挤压熔焊焊接等先进技术，同时采用了充气法、电火花法、偶极子法等先进的检测方法。该防渗体系有效地节约了宝贵的淡水资源，同时与其他防渗措施相比，更好地保护了周围环境。

激流回旋赛道

激流回旋赛场鸟瞰

静水赛道

静水赛道卵石消浪

2 土工格栅加筋挡墙技术：激流回旋终点湖堤岸等陡坡及直壁采用土工格栅加筋挡土墙施工技术，施工面积超过2.6万m^2，原料就地取材，综合能耗很小，降低了工程成本，加快了施工进度。与传统重力式挡墙及其他结构形式相比，能显著节省材料。同时，加筋陡坡可以进行绿化、美化，与周围的园林绿化浑然一体。此项技术已经形成北京建工集团级施工工法。

3 激流回旋赛道地基劣质土回填的应用研究：钢筋混凝土的激流回旋赛道位于填方工程之上，而本场地内3～4m深范围内的土质均为粉土和粉质砂土，工况性质很差。激流回旋赛道地基采用经过改良后的场地内的粉土和粉细砂等劣质土进行回填，实现了场内劣质土的全部利用，避免了黏土的外购以及劣质砂土的外运，保护了赛场周边及北京市的生态和环境。

动水艇库

铺贴高密度聚乙烯土工膜材料

静水热身赛道与比赛赛道连接通道

桨之桥

静水艇库

4　赛道微污染水处理技术：处理能力7万t /d的赛道水处理及尾水处理站，是国内规模最大的微污染水处理项目，实现赛道水循环利用。

5　中水处理技术：水上公园建设了动水艇库中水站、静水艇库中水站和一座全地埋式中水站三座中水处理站，收集场馆永久建筑以及临时建筑内的淋浴废水及生活污水，经处理后循环利用于绿地灌溉。经处理后的水达到生活杂用水水质标准，被循环用于绿地灌溉，实现“零排放”，节约了宝贵的地下水资源，年节约用水量超过30000t。

6　雨洪综合利用技术：采取铺设透水性生态砖、高承载透水混凝土艺术地坪、赛道周边设置截水沟等措施将经过卵石过滤的雨水排入赛道内，实现场馆内雨洪利用，利用率达到85%，节约赛道补水，平均每年雨水利用约12万m^3。

2400kW轴流潜水泵

正门广场地面砖

人行道透水砖

微污染水处理设备

赛道周边自动化喷灌系统

高承载透水混凝土彩色地面

北京奥林匹克公园 B区奥运村

占地面积	27.55hm^2
建筑面积	55.6万m^2
绿化率	40%
小区住宅	1884套公寓

一、工程概况

奥林匹克公园（B区）奥运村工程位于林萃路、北辰西路与科荟路交汇处的南侧，占地27.55hm^2，建筑面积55.6万m^2，绿化率40%。由42栋公寓楼、中心公建、会所、托幼、景观花房、消防站等50栋子单位工程组成，其中地上建筑面积41.325万m^2，地下建筑面积14.241万m^2（车库、设备用房）。地上建筑包括住宅38万m^2，分为A、B、C、D四个区，奥运会与残奥会赛时，为运动员和随行官员提供住宿处所；赛后：经过简单的改造，变成永久性商业住宅。小区住宅共有1884套公寓，顶层层高为3.22m，其余层层高为3.1m；6层住宅一梯两户，9层住宅一梯一户，所有户型全部为南北向布局，利于自然通风及采光。

基础结构形式为钢筋混凝土筏板基础，局部条基；结构形式为钢筋混凝土剪力墙结构，局部框支剪力墙。

给排水专业采用了生活给水、生活热水系统、中水系统、雨水系统、排水系统、直饮水系统、消防系统等几大系统。热水系统热源由小区内燃气锅炉房及屋顶太阳能热水系统经各区内热交换站换热提供。直饮水系统由区内直饮水提供至户内。地下车库内送风方式为诱导式机械送风，排风及防排烟合用一套系统。

空调系统末端形式为风机盘管送风提供冷量，冷源由清河污水处理厂水源热泵经各区内热交换站换热提供。供暖采用地板辐射采暖系统，热源由清河污水处理厂水源热泵经各区内热交换站换热提供。

小区鸟瞰

小区南侧全景

中心园林

小区北侧全景

下沉广场

二、科技创新与新技术应用

1 外墙保温采用挤塑板外贴砖施工技术，东、西、北向外墙保温层厚度由标准的50mm增至80mm，传热系数降至0.382；屋顶保温层厚度由标准的80mm增至150mm，传热系数达到0.2。传热系数的降低，大大节约采暖及空调的能耗。

2 外窗选择了断桥铝合金框镀膜低辐射LOW-E中空玻璃充氩气的高品质节能落地窗，既满足节能要求又不降低舒适性。利用通风器进行室内空气微循环置换，保持室内空气新鲜。所有首层及沿街外窗外均设置了隔声卷帘，有效阻挡了外界噪声。

3 再生水热能利用技术：奥运村利用清河污水处理厂的二级出水（再生水），建设“再生水源热泵系统”提取再生水中的温度，为奥运村提供冬季供暖和夏季制冷。利用再生水作为热泵的冷热源，进行能量交换，不用冷却塔或分体空调的室外机，没有噪声、烟气排放的污染，夏季改善了大型建筑群室外的热环境，能够完全消除热岛效应。

小区幼儿园

西会所

4 太阳能生活热水技术：6000m^{2}的太阳能集热管水平安装在屋顶花园，成为花架构件的组成部分，与屋顶花园浑然一体，利用集热板作为屋顶的遮阳棚，既利于屋顶的人员活动，又降低了太阳光对屋顶层的辐射，起到节能的功效。奥运会期间为16000名运动员提供洗浴热水的预加热，奥运会后，供应全区近2000户居民的生活热水需求。

5 光导照明技术：通过采光罩将自然光线引入系统内进行重新分配，再经过特殊制造的光导管传输后由系统底部的漫射装置把自然光均匀地照射到室内，实现自然光照明的特殊效果，是一种健康、节能、环保的新型照明系统。所有材料均无毒、无污染，充分体现了健康、节能、环保的理念。

6 自然冰蓄冷技术：利用冷媒（液氨）在冬天通过散热器交换能量到蓄冰池自然制冰，蓄存冷量；夏季的时候依靠冰的融化来制冷，从而部分解决室内制冷效果。

西会所鸟瞰

古亭

国际街大门

西会所水幕景观

古亭

南大门

哈尔滨大剧院

总建筑面积 79396m^2
建 筑 高 度 56.48m
开 工 时 间 2011年3月15日
竣 工 时 间 2015年5月29日
总 投 资 10.03亿元

一、工程概况

哈尔滨大剧院位于松花江北岸，与太阳岛隔江相望，是国内唯一一座由中国建筑师提供整体设计方案，集演艺、湿地观光于一体的国际一流观演建筑，是黑龙江省规模最大、功能最完善的标志性文化设施。工程总建筑面积79396m^2，大剧院1600座，地下2层、地上8层；小剧场400座，地下2层、地上3层。建筑高度56.48m。

工程于2011年3月15日开工建设，2015年5月29日竣工，总投资10.03亿元。

全景

二、科技创新与新技术应用

1 运用大地艺术景观手法对原有自然湿地、水系合理保留利用，使建筑贴近自然。

2 采用异型曲面设计，外部如行云流水般流畅自然，内部如冰雪溶洞。

3 运用了三维声线分析、混响时间计算等多种声学分析方法，对建筑形体、装饰形式、材料选取进行优化，实现专业剧院自然声音质效果。

4 采用自由曲面箱型弯扭网壳、复杂异型多层焊接球节点网架等多种形式钢结构组合以满足建筑流线外形的需要。

5 屋面幕墙创造性地采用倒插叠瓦式结构，分散排水避免形成雨幕，自下而上不会形成阴影。

6 在公共大厅、大剧场、小剧场、排练厅等空间引入自然光，丰富了非演出时段的照明方式，创造了节能环保新模式。

7 BIM与三维快速测量装置相结合施工技术，解决了自由曲面网架结构的拼装与吊装难题。

8 通过8耳板转接件实现采光顶龙骨不同角度的调节，完成多种规格棱锥龙骨、三角玻璃的安装。采用逆施工法完成铝板幕墙的安装，保证了曲面造型。

9 工厂模块化加工与现场制作相结合的公共区域任意曲面GRC复合木装饰施工技术，有效提高了施工工效与质量。

夜景

傍晚景色

雪景

四棱锥玻璃采光顶

剧院大厅

大剧场观众厅

小剧场

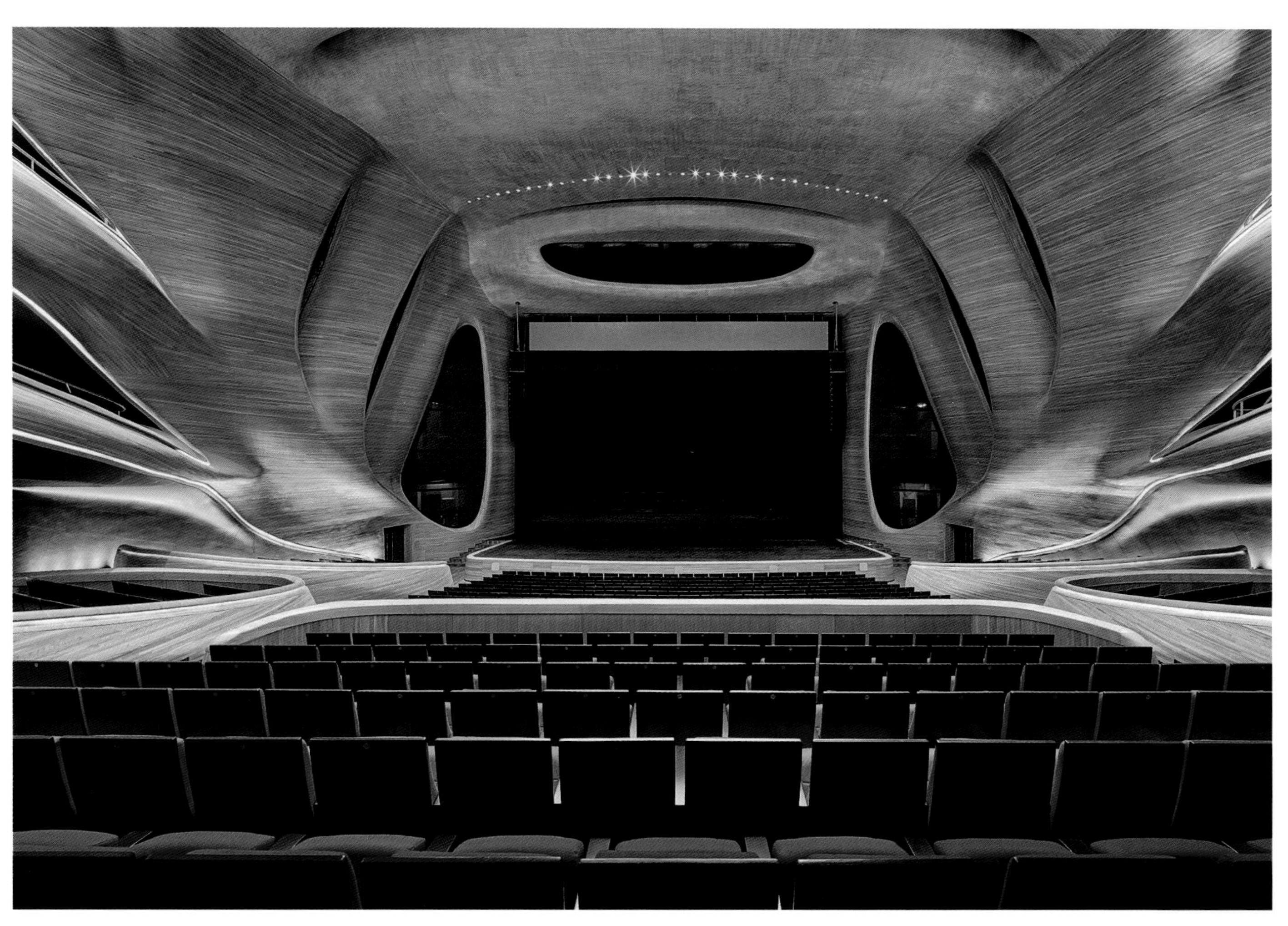

大剧场舞台

郑州东站

总建筑面积 41.2万m^2
垂直轨道长度 502m
平行轨道长度 385m
开工时间 2009年9月20日
竣工时间 2012年9月15日
总投资 55.6亿元

全景俯视

一、工程概况

郑州东站为河南的窗口、郑州的门户，是亚洲规模最大的高铁站之一，是全国唯一的一座高铁“米”字形综合交通枢纽，是国家特大型重点工程。

工程总建筑面积41.2万m^2，垂直于轨道方向长度502m，平行于轨道方向长度385m，站房最高点距广场地面52.3m。站场规模为16个站台32股道，站房高峰小时旅客发送量7400人，最高聚集人数5000人。功能设计以人为本，旅客流线采用“上进下出”方案，实现客流的“零距离换乘”。外观造型独具特色，采用传统与现代相结合的理念，以城市之门建筑形式为主题，提炼商鼎神韵，融入立面造型，体现出中原文化的沉稳厚重。结构为双向框架体系，基础采用后注浆钻孔灌注桩，轨道层及以下采用钢筋混凝土结构（劲钢柱、预应力梁），轨道层以上采用大跨度钢结构。应用了蜂窝聚碳酸酯采光板、智能化照明控制系统、变风量空调系统、再生污水源热泵系统、吸声、吸光、相变保温等生态环保节能技术。

工程于2009年9月20日开工建设，2012年9月15日竣工，总投资55.6亿元。

ZHENGZHOU EAST RAILWAY STATION

全景轴侧

二、科技创新与新技术应用

1 针对“桥建合一”高架站房，在世界上首次采用“钢骨混凝土柱＋双向预应力混凝土箱型框架梁+现浇混凝土板”轨道桥结构，充分发挥材料性能，经济技术指标优越。

2 进行跨度大于40m的高架层和跨度78m商业夹层钢结构楼盖竖向舒适度研究，优化楼盖设计；将三向钢网格幕墙结构作为主体结构的一部分，巧妙地解决跨度为78m的楼盖舒适度问题。相关的科研成果“‘桥建合一’高铁站房振动舒适度关键技术与应用”达到国际领先水平。

高架车道及落客平台

高架进站层正视图

3　施工中设计了跨越轨道层的履带吊行走钢栈道，采用竖向三层同步、水平逐跨推进的安装方案，实现了上部钢结构与下部轨道桥梁同步组织施工，安全高效。

4　发明了三向网格结构幕墙钢架及其制作方法，采用贝雷架及格构柱组合支撑体系跨越地铁基坑，实现了站房钢结构与下部地铁工程同步施工，同时实现了结构即建筑的高精度要求。

西立面

5　针对多维空间复杂节点，通过大量的足尺节点对比试验和有限元分析，研究了复杂相贯节点隐蔽焊缝焊接与否以及不同形式节点插板对节点承载力值的影响，大量研究成果为相关规范的制定和修订提供了翔实的依据。

6　在工程正常运营阶段，对新型轨道层结构体系及大跨度钢结构进行了长达三年的健康监测，系统验证了结构的安全性和建筑的适用性，部分成果填补了国内外空白，为特大型高铁站房工程的发展做出了较大贡献。

雨篷区域站台层

深圳平安金融中心

总建筑面积　459187m²
高　　　度　600m
开 工 时 间　2009年12月3日
竣 工 时 间　2016年11月30日
总　投　资　95亿元

深圳平安金融中心东侧立面

一、工程概况

该工程位于深圳市福田中心区1号地块，是一幢以甲级写字楼为主的超高层建筑，总建筑面积459187m^2，由主塔楼、商业裙楼和5层整体地下室组成。主塔楼地上118层（600m），是世界第四、中国第二高楼；濒临南海、台风频发，外立面采取对称、锥形、针状向上延伸，可减少32%倾覆力矩和35%风荷载。结构创新性采用“巨柱-核心筒-外伸臂”抗侧力体系；核心筒为钢骨-劲性混凝土，外框为8根巨型钢骨混凝土柱（6525mm×3200mm），单柱单桩承载力高达70万kN，整体用钢量超过10万t，C70/C60高强混凝土16.5万m^3。

工程于2009年12月3日开工建设，2016年11月30日竣工，总投资95亿元。

首层西侧办公大堂入口

夜景

二、科技创新与新技术应用

1 创新采用的巨型框架-核心筒结构以其显著的适用优势，成为国内、外超高层结构体系的主流。尤其是巨柱下8m大桩的结构直接受力，大大减小了底板的厚度，技术创新引领作用明显，经济效益显著。

2 针对超高层测量累积误差大，率先自主研发了基于北斗系统的高精度变形监测技术，实现了600m超高层建筑平面2mm/高程4mm的测控精度，提高了超高层测量精度。

3 针对超高层混凝土核心筒结构复杂、多次收分，研制了多点小吨位连续变截面同步液压爬升模架体系，实现了水平分段流水施工，大幅度节约劳动力及资源投入。

4 高强混凝土超高泵送技术的突破，实现C100混凝土模拟千米高程泵送。

5 建立了超高层建筑内筒、外框竖向高程差异补偿预测控制技术。研发分析预控软件1套，实现了精确预测内筒与外框竖向差异变形，解决了超高层施工这一关键的变形差异补偿预测控制等数十项难题，保证工程建造、提高施工效率、确保工程质量。

6 针对在-33m超深且紧邻地铁的基坑内二次开挖9.5m超大桩，研发了极端复杂环境下的毫米微变形控制技术，实现环境变形＜4mm，柱下单桩工后沉降＜25mm。

7 针对600m超高塔楼摆动大、舒适性差的难题，在塔顶设2台大质量主动调谐式阻尼器（HMD），单体重400t，实现20%的减振效果。

首层大堂内景

8 针对铸钢件厚200mm、单个节点重202t的超高层重型钢结构，通过虚拟预拼装、双机抬吊、塔冠倒装等施工方式，创新采用正反交替的单面坡口、分段倒退等焊接技术，成功解决了钢结构形式复杂、截面大且异形的施工难题。

9 针对外立面美观、耐久、易维护的要求，创新采用高耐腐蚀性能316L不锈钢幕墙。在深圳滨海环境中，可保持外观一百年不变，成为全球最大不锈钢外立面（1700t）的摩天大楼。

空中大堂

电梯厅

裙楼商业中庭

苏州现代传媒广场

总建筑面积 33万m^2
建 筑 高 度 214.8m
开 工 时 间 2012年7月2日
竣 工 时 间 2015年7月27日
总 投 资 25.36亿元

全景

一、工程概况

苏州现代传媒广场，一座代表着苏州千年城市文化的建筑新地标，位于苏州工业园区金鸡湖东，总建筑面积33万m^2，地下3层，地上43层，建筑高度214.8m，由两幢L形双子塔楼组成，集媒体演播、市民活动及酒店办公为一体的绿色、科技、人文城市综合体。

建筑师以国际化建筑语言诠释苏州文化精髓，创新运用玻璃、金属、石材等现代元素演绎粉墙、黛瓦、窗棂、丝绸的古城印象，体现了"传统与创造"的有机融合；基于"绿色新建筑"理念，结构设计重点围绕本工程演播、办公、市民活动等不同功能特征需要，按"适用、经济、绿色"理念，协调运用"核心筒-钢框架、全钢结构、框架劲性结构、预应力结构"等多种适用结构体系；系统性集成运用"外遮阳、热回收、光伏玻璃、呼吸式幕墙、风向诱导、雨水回用"等节能技术，实现建筑绿色高效运营。

工程于2012年7月2日开工建设，2015年7月27日竣工，总投资25.36亿元。

SBS
DOUBLETREE BY HILTON
中国农业银行

寓意丝绸的钢结构透风雨幕

二、科技创新与新技术应用

1 研发了“跨沉降缝钢桁架附加应力消除安装法”，成功解决了巨型桁架结构连接体两端不均匀沉降引起的附加变形施工难题。

2 研创了“带开洞钢板的组合桁架新型结构体系、交叉张弦钢楼梯新结构体系”，成功解决了建筑使用功能上的难题。

夜景

3 采用“悬链状钢屋盖超大高差轨道（40.75m）累积滑移安装法”，成功解决了超大弧长柔性悬链状钢屋盖安装难题。

4 运用“高空曲面网壳全过程数字建造技术”，有效解决了网壳单元制作、安装过程误差累积等技术难题。

5 研创了“带隔震铅芯支座预应力钢结构天幕体系”，扩展了隔震铅芯支座的应用范围。

6 系统运用“外遮阳、热回收、太阳能光伏玻璃、呼吸式幕墙、风向诱导、雨水回用”等多项节能技术，实现综合性能源智慧管理模式。

市民广场夜景

屋顶上方下圆网壳屋架

中庭开放式交流空间

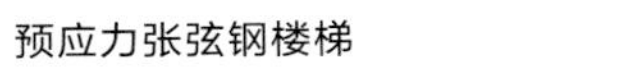

预应力张弦钢楼梯

2000m^{2}演播厅

陕西法门寺合十舍利塔工程

总建筑面积　106322m²
开 工 时 间　2007年4月10日
竣 工 时 间　2009年4月17日
总　投　资　10.39亿元

一、工程概况

法门寺合十舍利塔工程位于陕西省扶风县法门镇法门寺文化景区的中央，为永久供奉释迦牟尼佛真身指骨舍利、珍藏和展览地下出土文物及佛教珍贵法器而建。该工程构思奇妙、设计新颖、气势恢宏、寓意深远，是现代建筑艺术与佛教精髓理念的圆满融合，既体现了佛文化的丰富内涵，又具有时代创意，已成为陕西省旅游文化的标志性建筑。工程于2007年4月10日开工建设，2009年4月17日完成竣工验收，总投资10.39亿元。

整个建筑由合十双塔和四周环绕的裙楼所组成，总建筑面积106322m²，其中主塔面积40743m²，裙楼面积65579m²。主塔为型钢混凝土结构，地上11层，地下1层；裙楼为框架剪力墙结构，地上3层，地下1层；结构设计使用年限100年，抗震设防类别乙类，抗震设防烈度8度，耐火等级一级。

内部空间由地宫、一层化身佛殿、二层报身佛殿以及54m以上的法身佛殿（唐塔）等组成。主塔结构平面尺寸54m×54m，地下室层高14.8m，首层层高24m，二层以上层高10m。双手在54m标高处设拉接桁架及平台，平台上放35m高的唐塔，自54m标高处双手各呈36° 外倾；至74m标高处两手间净距最大51.8m，从74m向上双手各呈36° 内倾；至109m标高处双手间距4.8m，设拉接空间桁架；至127m标高处双手捧直径为12m的释迦牟尼珠及塔刹，总高度148m。

正立面

福
福
福
福

二、科技创新与新技术应用

1 建筑设计把佛教建筑与现代建筑相结合。供奉佛祖舍利，双手合十的造型表达对人间和谐美好的祝福及天地合一的人文理念。

2 型钢混凝土结构，体形特别不规则。经详细计算分析和有关实验，设计满足8度抗震设防要求。经2008年5·12汶川地震，主体结构完好。

3 施工难度很大。采用“大倾角有轨悬空折线提升大模板”施工技术；基于仿真技术的大倾角型钢混凝土结构安装及实时控制技术（实测变形、应力并进行分析、80m标高设临时拉接桁架等）；8m厚大体积混凝土筏板防裂施工（1.3万m^3）；高含钢率型钢混凝土墙柱的混凝土防裂施工技术；二氧化碳气体保护焊在高空低温环境中的应用；直径18m穹顶壳体采用聚丙烯纤维混凝土，取消了外模板。

4 节能技术。地源热泵系统有1100个直径180mm、深度100m的井，供楼内空调及地暖系统、变频空调、智能照明之用。

老寺新塔相映生辉

西南角立面

东立面

主塔双侧使用中空玻璃

地宫通道

夜景照片

唐塔一层法身佛殿

一层化身佛殿

敦煌莫高窟保护利用工程
——游客服务设施建安工程

主体建筑面积 11825m^2
最大建筑高度 16.1m
开 工 时 间 2010年4月17日
竣 工 时 间 2014年9月5日
总 投 资 4.5亿元

一、工程概况

敦煌莫高窟保护利用工程——游客服务设施建安工程位于敦煌市，由游客中心、中心广场及停车场等组成。项目占地150亩，游客中心东西长220m，南北宽110m，形如流动的沙丘和“飞天”的裙带，主体建筑面积11825m^2，最大建筑高度16.1m。是一座集接待、观影、休憩、餐饮、购物、交流学习于一体的全弧线、全曲面钢筋混凝土特色艺术建筑。

项目全景

该工程以独具韵味的新颖造型、先进的科技成果、全新的参观模式、完善的管理服务、以人为本的旅游体验，开启了洞窟艺术研究、保护和利用的新纪元，为以后类似工程施工积累了丰富经验，在国内乃至世界同类工程项目中起到了引领和垂范作用。

工程在建设过程中秉承“以人为本，文化传承”的建设理念，积极开发应用新技术，坚持技术创新、管理创新，不断提高科技成果转化率方面做出了新的探索和尝试。建设过程中克服了建设施工难度大、技术瓶颈多、千年古墓群阻挠及400年不遇的特大洪涝灾害等困难。并将全新的参观模式，完善的管理服务融入建设之中，为游客领略敦煌独特艺术魅力，传播博大精深的历史文化，展现中华民族瑰宝打造了地标性建筑载体。

项目建成至今游客接待能力成倍提高，游客参观井然有序。实现了敦煌莫高窟“永久保存，永续利用”的梦想。创造了良好的社会效益、经济效益和节能环保效益。

工程于2010年4月17日开工建设，2014年9月5日竣工，总投资4.5亿元。

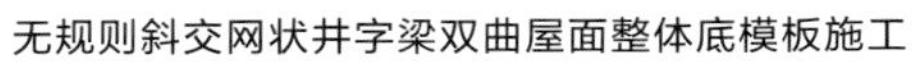

无规则斜交网状井字梁双曲屋面整体底模板施工

1#数字影院及1#球幕影院边空心楼板钢筋及聚苯块施工

主体结构施工全景图

1#球壳内模及钢筋施工图

二、科技创新与新技术应用

1 设计上独具一格，追求艺术。功能上绿色、环保、节能，紧密结合当地和建筑本身特点，集成新的绿色建筑技术，施工和科技方面攻克难题，不断提高，形成和积累了流线型建筑的建造技术成果。

2 大直径钢筋混凝土球壳穹顶屋面施工技术，实现了超大直径球壳体的建造。

3 无规则斜交网状井字梁双曲屋面结构施工技术解决了接待大厅屋面的施工难题，获得国家发明专利1项。

4 曲面现浇无梁空心（填塞聚苯板）楼板施工技术在国内首次解决了曲面无梁空心楼板的施工难题。

5 双曲抛物线钢筋混凝土梁柱网格结构的施工工艺，首创性地解决了双曲抛物线梁柱网格结构的施工难题。

6 外墙新型防裂彩色装饰砂浆施工技术解决了沙漠地区外墙饰面层易开裂、易褪色的难题。

北立面图

无规则斜交网状井字梁双曲屋面接待大厅

球幕影院阳极氧化蜂窝铝板成品图

漏斗状结构采光井成品图

20 桥梁

桥梁是重要的交通枢纽，是我国基础设施建设的一个重要领域，对国民经济和社会发展、提高人民生活质量都具有极其重要的作用。改革开放以来，我国桥梁工程技术快速发展，目前公路桥梁数量已超过80万座，高铁桥梁累积长度超过1万km，有力地促进了国家交通运输等事业的快速健康发展。一批大型桥梁工程项目获得詹天佑奖，这些工程的建成将我国桥梁技术提高到国际先进水平，屡次获得国际桥梁与结构工程协会（IABSE）杰出结构奖等国际大奖，成为中国桥梁建设的名片，也是我国迈向桥梁强国的里程碑。

上海卢浦大桥为中承式钢箱拱桥，主跨550m，建成时居世界拱桥主跨跨径之首。解决了在软土地基中建造特大跨度拱桥的难题，是世界上首座除合龙接口一端采用栓接外，完全采用焊接工艺连接的大型拱桥，也是国内外第一次在特大跨度拱桥中采用钢箱形拱肋。

苏通长江公路大桥为双塔双索面钢箱梁斜拉桥，主跨1088m。建成时居世界斜拉桥主跨跨径第一，创下最大主跨（斜拉桥）、最深基础（桩基础）、最高桥塔、最长拉索多个记录，是中国建桥史上工程规模最大、综合建设条件最复杂的特大型桥梁工程之一。

南京大胜关长江大桥为六跨连续钢桁梁中承式拱桥，主跨2×336m，是世界首座六线铁路大桥，建成时是世界上主跨跨度最大、设计荷载最大的高速铁路桥。大桥解决了复杂构件精确定位安装难题，研发了成套新设备、新工艺，被誉为“世界铁路桥之最”。

舟山大陆连岛工程西堠门大桥为两跨连续钢箱梁悬索桥，主跨1650m，建成时主跨跨径居悬索桥世界第二、中国第一。大桥针对大跨度悬索桥抗风难题采用了双箱分体式钢箱梁、可变姿态活动风障等多项新构造，在桥梁发展史上具有重要意义。

武汉天兴洲公铁两用长江大桥正桥工程为双塔三索面三主桁斜拉桥，主跨504m，是世界上第一座按四线铁路、六线公路标准修建的公铁两用斜拉桥，采用了三索面三主桁斜拉桥新结构体系，钢桥面板、混凝土桥面板与主桁结合的组合结构等新技术，是中国铁路桥梁建设史上的一次新的跨越。

上海卢浦大桥

设计车速	60km/h
桥面总宽	约40m
主跨跨径	550m
矢　　高	100m

一、工程概况

卢浦大桥是跨越黄浦江的又一座特大型桥梁。浦西岸与南北高架相连，浦东岸与外环线相通。

大桥为城市主干道，设计车速60km/h。主桥为双向六车道，桥面两边各设2m观光人行道，桥面总宽约40m。卢浦大桥为软土地基上建造的超大跨度空间提篮中承式拱梁组合体系钢拱桥。

主跨跨径550m，矢高100m（矢跨比f/L=1/5.5）。跨径组合：100m+550m+100m=750m，桥下通航净空46×340m。拱肋平面倾斜度1：5，拱肋、立柱、吊杆在同一斜平面内。

大桥近景

盧浦大橋

二、科技创新与新技术应用

1 本桥主拱跨径550m为同类桥型世界第一。采用全焊接钢箱形拱结构，为世界首例。

2 本桥采用中承式系杆拱桥型，16根拉索的总索力近2万t。水平拉索长达761m，单根拉索重达110t，远超过现代斜拉桥的拉索。该水平拉索的设计、制造、安装等技术解决了在软土地基中建造超大跨度拱桥的处理方法。

3 总体稳定理论——“一种非线性薄壁空间杆件及其稳定分析法”已申请发明专利。

4 钢箱拱节段模型（1：4）局部稳定加载试验规模大，难度高，在国内外尚属首次。三大节点构造设计与加工工艺等，国内外尚无先例。施工临时斜拉索塔与大立柱连接构造，背索偏角3°的连接器，斜拉索与箱梁连接吊耳等设计、施工，均为国内外首创。

大桥全景

5 本桥采用三种成熟桥型的组合式施工方法及施工控制技术，为国内外第一次采用。

6 水平索与桥面架设工法属国际首创。“桥梁钢结构现场焊接工艺”已申请发明专利，“桥梁放索装置”、“大吨位拱肋吊装调整装置”、“桥梁放索猫道及悬挂系统装置”、“桥梁主桥面吊机”、“拱梁拱上行走大吨位吊装装置”5项已申请实用新型专利。

7 结合卢浦大桥涡振提出的以涡振最长累计时间和首次发生涡振概率为两个重要指标的桥梁涡振的概率性评价方法，计入气流与结构之间的相互作用——气动自激力的风荷载理论以及基于阻挡气流和分隔大涡原理实现涡振控制的建筑膜结构方法，在国际上均属首创。此外，卢浦大桥桥位地形模型的风环境风洞试验和卢浦大桥桥位风速采用多个气象站风速统计方法，在国际上都是第一次实现。

8 本桥抗震采用二水平设防、二阶段设计的设计思想、抗震分析的行波效应研究和非线性时程分析方法等项研究成果均达到国际先进水平。

大桥夜景

大桥主拱拼接施工

大桥桥面吊装

大桥桥面安装

大桥基本完工

苏通长江公路大桥

工 程 全 长　32.4km
最 大 跨 径　1088m
最 高 桥 塔　300.4m
开 工 时 间　2003年6月
竣 工 时 间　2010年10月
总　投　资　84亿元

一、工程概况

苏通长江公路大桥位于长江河口地区，连接苏州、南通两市，是国家沿海高速公路的枢纽工程。工程全长32.4km，采用双向六车道高速公路标准，由南、北接线、跨江大桥三部分组成。其中，跨江大桥全长8146m，主桥采用主跨1088m的斜拉桥，是世界上首座跨径超千米的斜拉桥。主通航孔宽891m，高62m，可满足5万t集装箱货轮和4.8万t级船队的通航需要。工程总投资84亿元，于2003年6月开工建设，2008年4月完成交工验收，2010年10月通过交通运输部组织的竣工验收。

苏通长江公路大桥的建成创造了四项世界之最：最大跨径，1088m；最高桥塔，300.4m；最大基础，每个桥塔基础有131根桩，每根桩直径2.85m，长约120m；最长拉索，共272根拉索，最长拉索长达577m。

苏通长江公路大桥全景（一）

苏通长江公路大桥全景（二）

苏通长江公路大桥全景（三）

中塔交汇

上塔柱施工

二、科技创新与新技术应用

苏通长江公路大桥是世界桥梁建设史上第一座跨径超千米的斜拉桥，建设条件复杂、技术要求高、设计和施工难度大，国内外现有规范和标准难以涵盖，没有可以借鉴的成功经验。建设中面临了水深流急、土层松软、航运密集、气候多变等不利条件挑战，经历了台风、季风和龙卷风等考验，攻克了10多项世界级的关键技术难题，取得了丰硕的技术创新成果，在长江河口地区建成了世界上跨度最大的斜拉桥。苏通长江公路大桥于2008年5月提前建成通车，实现了安全、优质、高效、创新的总体目标，创造了巨大的经济和社会效益。目前，苏通长江公路大桥已成为重要的纽带工程，为长三角地区经济发展、文化融合起着重要作用。

大桥建设过程中，通过100多项专题研究、27项省科研计划项目、交通运输部重大攻关专项和国家科技支撑计划重点工程项目的实施，研究了结构抗风、抗震、防船撞、防冲刷等技术标准，攻克了超大跨径斜拉桥结构体系等设计技术难题和深水急流中施工平台搭设、河床冲刷防护、上部结构施工控制及中跨顶推合龙等施工技术难题，形成了千米级斜拉桥与多跨长联预应力混凝土连续梁桥建设成套技术：

边跨大块梁段吊装

1 成功开发了半漂浮结构体系、索塔锚固区钢混组合结构、减隔震支座等3项新型结构体系。

2 研发了1770MPa斜拉索用高强钢丝等新材料。

3 研制了长桩施工定位导向系统、多功能双桥面吊机、轻型组合式三向调位系统、超长斜拉索制作和架设成套专用设备等4套新设备。

4 形成了深水急流环境下超长大直径钻孔灌注桩施工平台搭设、超长大直径钻孔灌注桩施工、超大型钢吊箱下放、大型群桩基础永久冲刷防护、300m索塔测量与控制、超长斜拉索制作、钢箱梁长线法拼装、上部结构施工控制、多跨长联预应力混凝土连续梁桥短线匹配法施工共9项施工新技术。

主桥边跨顺利合龙

双龙戏珠

单悬臂吊装

南京大胜关长江大桥

大桥全长 9.273km
开工时间 2006年7月24日
竣工时间 2011年6月30日
总 投 资 64.17亿元

一、工程概况

南京大胜关长江大桥全长9.273km，位于京沪高速铁路K997+783.215～K1007+056.452处。其中：长江水域主桥（1.615km）、南合建区引桥（0.856km）和北合建区引桥（1.202km）计3.674km，为京沪高速、沪汉蓉铁路、南京地铁桥梁；北岸引桥5.599km为京沪高速双线铁路。

主桥采用双主拱三主桁拱桁组合结构，具有“体量大、跨度大、荷载重、速度高”的显著特点，主桥孔跨布置为（108＋192＋336＋336＋192＋108）m，钢桁梁采用三片主桁，主桁间距为15m，四线铁路位于主桁内，南京地铁布置在两侧主桁外挑臂上，钢桁梁及钢桁拱两端布置有伸缩位移量±500mm的轨道伸缩调节器及梁端伸缩装置。主跨拱高84m，钢桁拱矢跨比1/4，拱顶桁高12m，拱趾到拱顶高约96m；杆件最大轴力为103,000kN，最大板厚68mm，杆件最大重量116t。主桥6号、7号、8号主墩基础采用46根直径2.8 m的钻孔桩，最大桩长112m。承台平面尺寸34m×76m，厚度6m，墩身为12m×40m圆端形空心墩，单箱双室截面，6号、8号主墩墩顶布置承载力为140MN、7号主墩墩顶布置承载力为180MN的球形钢支座。

大桥设计速度为京沪高速铁路300km/h、沪汉蓉铁路250km/h、地铁80km/h；通航净高24m，通航净宽单孔单向280m。

工程于2006年7月24日开工建设，2011年6月30日竣工通车，2013年2月25日通过国家验收，总投资64.17亿元。

南京大胜关长江大桥全景（一）

南京大胜关长江大桥全景（二）

8号主墩施工现场

墩顶节间钢梁拼装

桥梁主跨即将合龙

二、科技创新与新技术应用

1 主桥采用双主拱三主桁拱桁组合结构，为世界上首次采用，具有“体量大、跨度大、荷载重、速度高”的工程特点，合理地解决了多线、大跨度铁路桥梁主桁杆件规模过大及横向构件受力难题，满足了高速铁路运营对桥梁竖向刚度的要求，形成了多片桁架结构式主梁技术体系。

2 研发应用的Q420qE新钢种具有强度高、韧性好的优点，适应于大跨度高速铁路桥梁，为今后修建更大跨度和荷载的高速铁路桥梁提供了强有力的技术支持，也使我国高强度结构用钢的发展达到了国际先进水平。

3 研发并应用了钢正交异性板道砟整体桥面结构，其整体性好、受力性能优良，承载能力大，首次应用于大跨度高速铁路桥梁，引领了我国高速铁路钢桁梁整体桥面建造技术。

4 研发应用的承载力180MN球型钢支座为大跨度高速铁路桥梁运营的安全性和舒适性提供了有力保障。

5 创新的“双壁钢围堰整体浮运、精确定位技术”解决了钢围堰在水文变化频繁的潮汐河流中悬浮状态精确定位难题；创新的“多重拉索调整双主拱安装合龙技术”实现了钢桁拱桥架设合龙技术的重大突破；“八边形截面吊杆和新型液体质量双调谐减振器”创新技术解决了长吊杆起振风速低、常规减振器减振效果及耐久性差的技术难题。

6 研制的KTY4000型动力头钻机、400t全回转浮吊、70t变坡爬行吊机及三索面三层吊索塔架提升了我国建桥装备技术水平，保证了项目优质、安全和高效建成，对我国高速铁路桥梁建造技术的进步起到了极大促进作用。

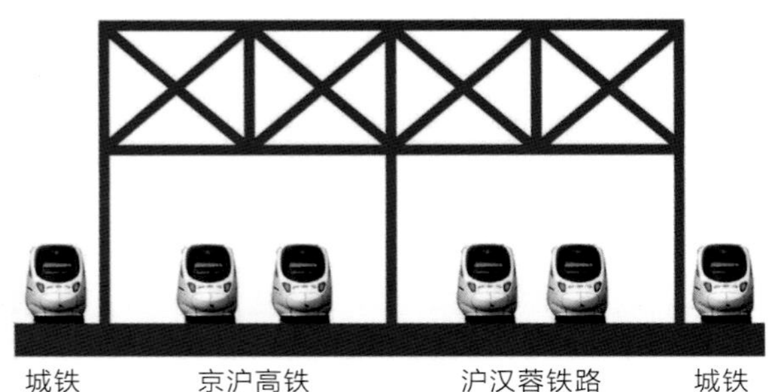

桥梁承载六线示意图

舟山大陆连岛工程西堠门大桥

建设里程	5.452km
开工时间	2005年
试运营	2009年12月
竣工时间	2014年11月
总投资	约23.61亿元

一、工程概况

西堠门大桥是舟山大陆连岛工程五座跨海大桥的第四座，跨越水深流急的西堠门水道，其走向由北向南，北连册子岛，南接金塘岛。工程起于册子岛桃夭门大桥工程终点——桃夭门岭，终于金塘岛上雄鹅嘴，即第五座大桥——金塘大桥工程起点。建设规模为建设里程5.452km，其中大桥长2.588km，接线长2.864km。

舟山西堠门大桥主桥全景

西堠门大桥主要技术指标：按四车道高速公路设计，设计行车速度80km/h，设计荷载采用公路-1级，路基宽度为24.5m，桥梁宽度35m，设计使用寿命100年；通航能力30000t级，通航净高为设计最高通航水位以上49.5m，通航净宽为630m；设计基准风速为运营阶段重现期100年U10=41.12m/s，施工阶段重现期20年U10=36.19m/s；地震基本烈度为7度。

西堠门大桥主桥采用主跨1650m的两跨连续中间开槽6m的分体式钢箱梁悬索桥，孔跨组合为578m+1650m＋485m，是我国跨径第一、世界第二的特大型悬索桥。南边跨引桥采用6×60m预应力混凝土钢构—连续组合箱梁。

大桥于2005年动工建设，2009年12月通车试运营，2014年11月11～12日通过竣工，概算总投资约23.61亿元。

运营中的大桥（一）

运营中的大桥（二）

运营中的大桥（三）

二、科技创新与新技术应用

1　首次在特大跨径悬索桥中研发并实践了新型分体式钢箱梁，攻克了结构抗风稳定性难题，发现了加劲梁抗风新规律。

2　首创了可变姿态的活动风障，保障了桥面行车与结构抗风的安全性，每年减少西堠门大桥因风关闭时间35天，显著提高了经济和社会效益。

3　揭示了分体式钢箱梁纵横向受力规律和传力机理，系统研究了钢桥面板疲劳机理和抗疲劳设计及维护方法，实现了钢箱加劲梁技术创新，显著提高了经济效益。

4　研发了ϕ5mm系列缆用高强度平行钢丝，达到了国际先进水平，填补了国内空白，成功应用于西堠门大桥，并形成了规模化生产，后续经济效益巨大。

5　研发了多项海洋环境特大跨径悬索桥架设新技术，揭示了分体式钢箱梁施工阶段抗风稳定性演化新规律，科学支撑了西堠门大桥的安全、优质、高效施工。

运营中的大桥（四）

运营中的大桥（五）

施工中的北塔

主梁架设（一）

主梁架设（二）

施工中的主缆

武汉天兴洲公铁两用长江大桥正桥工程

正桥全长 4657m
开工时间 2004年9月28日
竣工时间 2009年3月1日
总投资 25.03亿元

一、工程概况

武汉天兴洲公铁两用长江大桥是世界上第一座按四线铁路修建的双塔三索面三主桁公铁两用斜拉桥，其正桥全长4657m，全桥共91个桥墩，混凝土总量约85万m^3。其中公铁合建部分长2842m，上层公路为六车道，宽27m，下层铁路为四线，其中两线一级干线、两线客运专线。南汉主桥为98m+196m+504m+196m+98m双塔三索面公铁两用钢桁梁斜拉桥。

斜拉桥主梁为板桁结合钢桁梁，三片主桁，桁宽2×15m，钢梁全长1092m，钢梁总重量为46000t；主塔采用钢筋混凝土结构，承台以上高度为188.5m；每塔两侧各有3×16根斜拉索；索最大截面为451ϕ7mm镀锌平行钢丝，最大索力约1250t，索最大长度为271.9m，重41.2t，斜拉索总重量为4550t。

斜拉桥主跨504m为世界同类桥梁跨度之首，首次按四线铁路和六车道公路布置，可承受两万吨荷载，是世界上荷载最大的公铁两用桥；铁路客运专线按250km/h动力仿真设计，为世界同类桥梁的最高速度。

工程于2004年9月28日开工建设，2009年3月1日竣工，总投资25.03亿元。

武汉天兴洲大桥主桥全景

全桥工程航拍图

正桥工程航拍图

正桥工程夜景

二、科技创新与新技术应用

1. 首次提出并采用三索面三主桁斜拉桥结构，解决了桥梁跨度大、桥面宽、活载重、列车速度快等带来的技术难题，实现了我国铁路桥梁跨度从300m级到500m级的跨越。国外厄勒海峡大桥为主跨490m的公铁两用斜拉桥，荷载为2线铁路、4车道公路，采用双索面双主桁结构。

2. 首次采用边跨公路混凝土桥面板与主桁结合、中跨公路正交异性钢桥面板与主桁结合共同受力的混合结构，解决了超大跨度公铁两用桥梁中跨加载时的边墩负反力问题，同时提高了桥梁结构的竖向刚度以适应高速列车运行。国外未见相关混合结构的报道。

3. 钢桁梁安装采用节段整体架设技术，实现了我国钢桁梁架设从传统的单根杆件安装向工厂整体制造、工地大节段架设的转变，减少了工地大量的焊接工作，提高了钢梁的安装效率。国外海上桥梁有利用大型浮吊整孔架设钢梁的工程实例，日本柜石岛桥将节段钢梁分为两个桁片分别吊装。

4. 首次采用吊箱围堰锚墩定位及围堰随长江水位变化带载升降技术，实现了大型深水围堰的精确定位，提高了围堰的度汛能力。国外尚未见相关报道。

5. 研制了KTY4000型全液压动力头钻机，把长江深水中钻孔能力从3m直径提高至4m；研制了700t架梁吊机，实现了桁段架设中的多点起吊和精确对位。该钻机的核心技术与国外先进产品相比基本处于同一技术水平。

三索面三主桁斜拉桥

夕阳下桥梁近景

钢梁合龙

20 铁路

铁路是国民经济大动脉和重大民生工程，在经济社会发展中的地位和作用至关重要。多年来，铁路行业大力推进体制创新、管理创新、技术创新，推动铁路建设取得了举世瞩目的成就，涌现出了北京至天津城际轨道交通工程、京沪高速铁路、大秦铁路2亿吨扩能工程、合肥至福州铁路等一大批精品工程。高铁已经成为当代中国一张亮丽名片，成为促进我国经济社会发展的重要引擎，成为亿万人民享受美好生活、增强获得感和幸福感的鲜明标志。

京津城际铁路采用大量国际领先的铁路建设技术，开创了中国铁路建设史上的多项“第一”，有力促进了京津两地的“同城化”和“一体化”，促进了环渤海地区经济社会发展。

京沪高速铁路是世界上一次建成线路里程最长、技术标准最高的高速铁路，在工程建设、高速列车、运行控制、节能环保等多方面都实现了重大技术创新，各项指标均达到世界先进水平。

大秦铁路2亿吨扩能工程集纳了机车车辆装备制造、电子技术、自动化控制技术、电力牵引技术等多学科的先进成果，使我国铁路掌握了重载机车、重载货车和重载线路等一系列重载核心技术，并在3年内实现运量翻番，其功能相当于新建一条大运力运煤通道。

合肥至福州铁路全面贯彻菲迪克理念，大胆创新，成为科技与创新相结合、工程与环境相协调的典范，被誉为中国“最美高铁”，有力促进了中国（福建）自由贸易试验区建设和福建作为海上丝绸之路核心区功能的发挥。

北京至天津城际轨道交通工程（北京南站改扩建工程）

铁路全长 120km
日发送能力 28.7万人次

一、工程概况

京津城际铁路全长120km，是我国也是世界上第一条以350km/h速度运营的高速铁路，它的建成通车运营，标志着我国铁路技术进入世界先进水平行列。京津城际铁路一系列重大技术创新，不仅为建设世界一流高速铁路提供了技术保障，为实现一流的运营管理提供了宝贵经验，而且对提升铁路自主创新水平，加快实现铁路现代化，起到了强大的推动作用。

北京南站从城市整体功能出发，将市郊铁路S4（黄村）、S5（房山）线和地铁4号线、14号线引入到车站内，把普速列车、京津城际和京沪高速三种不同的运输标准组合在同一个车场里面，成为集国有铁路、地铁、市郊铁路和公交、出租等市政交通设施为一体的大型综合交通枢纽，日发送能力达到28.7万人次。

北京南站主站房总建筑面积34.6万m^2，其中站房主体建筑面积25.2万m^2，站台雨篷投影面积7.1万m^2，高架环路2.3万m^2。站房双曲穹顶最高点标高40.245m，檐口高度20.00m；两侧雨篷为悬垂梁结构，最高点31.50m，檐口高度16.50m。地上部分长轴500m，短轴350m；地下部分长轴397.10m，短轴332.60m。地上两层，地下三层。整个车场从北往南依次为3台5线普速车场、6台12线高速车场和4台7线城际车场，共计到发线24条，站台13座。站场土石方106万m^3，铺轨44.8km，道岔103组。

奔驰在京津城际铁路的“和谐号”动车组列车，时速达350km

CRH
和谐号

“和谐号”动车组列车在运行

对全线进行景观设计力求与既有建筑环境相融

CRH3型“和谐号”动车组

沿线的移动通信基站，应用GSM-R移动通信技术

二、科技创新与新技术应用

1 全线采用自主知识产权的无砟轨道系统，其核心技术包括松软土路基设计、施工技术，900t整孔箱梁设计、制造、运输、架设成套技术。

2 对高速铁路系统中包括的线下和线上工程，土建和机电工程，固定设备和移动设备，移动设备和运行控制设备之间进行了成功集成。

3 GSM-R数字移动通信、CTCS-3D列车运行控制系统、CTC调度指挥系统和牵引供电设备，均可满足350km/h运营要求和列车最小间隔3分钟的安全运输要求。

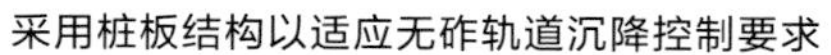
采用桩板结构以适应无砟轨道沉降控制要求

2型轨道板生产线，京津城际铁路全线铺设了无砟轨道

4 建立完善了350km/h高速铁路的设计、施工、建设、运营等方面的技术标准和规章制度，初步形成了350km/h高速铁路的技术体系。

5 坚持“以桥代路”，桥梁占到线路总长87%，节约耕地；对全线的桥梁、站房、雨棚、站区等建筑进行“景观设计”，建设绿色长廊；安装了声屏障，列车全部安装真空式集便装置，实现了污物、污水集中收集和垃圾零排放和真空集便，保护环境。

6 设计并批量生产了350km/h动车组，研制成功综合检测车。

7 北京南站工程积极推广应用“四新”技术及建筑业十项新技术，施工技术难点多，如动荷载下钢筋接头直螺纹连接技术；钢管柱自密实混凝土施工技术；高架桥大直径钻孔桩施工技术；厚大体积掺加聚丙烯纤维、CSA抗裂混凝土施工技术；大空间、大跨度钢结构焊接、安装技术；多种绿色能源的应用等。设计方面采用模拟仿真技术，实现了多层面、多方向立体交通方式的交通衔接；首次采用房桥合一结构体系，展开了多振源振动控制研究；首次采用大面积太阳能光伏发电系统、热点冷三联供、污水热泵等技术并达到国际先进水平。

北京南站夜景

900t箱梁架设中

900箱梁运输中

北京南站西侧视角全景

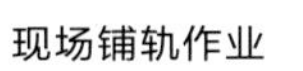
现场铺轨作业

轨道板现场铺装作业

北京南站鸟瞰图

路基段采用扶壁式挡墙，图为施工中的永乐车站路基

北京南站站场

大跨度曲线形悬垂钢梁及预应力斜拉索

中央候车大厅

京沪高速铁路

全线正线桥梁　1,060km
开 工 时 间　2008年1月16日
竣 工 时 间　2011年6月30日
总　投　资　1,958.88亿元

一、工程概况

京沪高速铁路起自北京南站，途经北京、天津市，河北、山东、安徽、江苏省及上海市，终到上海虹桥站，全长1,318km。全线共设24个车站，其中正线车站23个，依次为：北京南、廊坊、天津南、沧州西、德州东、济南西、泰安、曲阜东、滕州东、枣庄、徐州东、宿州东、蚌埠南、定远、滁州、南京南、镇江南、丹阳北、常州北、无锡东、苏州北、昆山南及上海虹桥站。工程设计速度350km/h，初期运营速度300km/h；本线列车和跨线列车共线运行模式；线路最小曲线半径7,000m（困难地段5,500m）；最大坡度20‰；到发线有效长度650m；电力牵引、行车自动控制、调度集中；规划输送能力单向8,000万人次/年。

全线正线桥梁1,060km，隧道16km，路基242km。包括引入既有线的联络线等工程在内，主要实物工程量为：路基土石方5,669万m^3，桥梁1,168.8km，隧道17.9km，无砟轨道正线1,298.6km。牵引变电所27座。全线新建CTCS-3级列控系统、GSM-R无线通信系统、防灾安全系统和客服系统。站房114.1万m^2。征地66,190亩。

工程于2008年1月16日开工建设，2011年6月30日竣工通车，2013年2月25日通过国家验收，总投资1,958.88亿元。

淮河特大桥

京沪高速铁路路基工程

调度指挥中心

区间接触网

二、科技创新与新技术应用

1 京沪高速铁路是国家战略性重大交通工程，线路长、标准高、技术复杂、工程量大。工程建设中，创新设计理念、建设技术和管理体制，形成我国高速铁路建设的创新模式，完善了我国高速铁路建设标准体系，积累了建设高速铁路的宝贵经验，是国家重大创新工程。

2 在原铁道部组织下，集成国内科研资源，开展国际交流，着力推进原始创新、集成创新和引进消化吸收再创新等方式，在高速铁路固定设施、移动装备、控车系统、运营维护等方面较好地实现了系统集成，在深厚软土基础沉降控制、深水大跨桥梁建造、长大桥梁无砟轨道无缝线路设计、客运综合交通枢纽、高速接触网、运行控制等方面，取得了重大研究、设计和应用成果。全面掌握了工程建造技术，提升了成套施工装备和施工工艺水平。

上海虹桥站

徐州东站

3 在枣庄至蚌埠南时速380km及以上的综合试验段，对高速铁路固定设施、移动装备进行全面的试验测试，取得了一大批创新性成果，16辆编组动车组最高试验速度达到486km/h。

4 工程建设中，坚持百年大计、质量第一。认真落实工程质量创优规划，坚持试验先行、样板引路，源头把关、过程控制，标准化和精细化管理，确保了工程建造质量。

5 环保、水保、节能措施与主体工程“同时设计、同时施工、同时投产”。通过优化方案、环境监测，强化了施工环保措施。车站采取了节能措施，设置了排污设备。噪声和电磁防护措施得到落实。通过优化设计和工程措施，节约了大量土地资源。

6 工程建成后，全线固定设施状态良好，各项移动设施和控车系统运转正常，旅客服务系统便捷高效，养护维修体系逐步建成，运营安全稳定，实现了建设目标。

济南西站

南京南站

济南黄河特大桥全景

丹昆特大桥——跨阳澄湖段

淮河特大桥

南京秦淮新河桥群

西渴马1号、2号隧道

大秦铁路2亿吨扩能工程

全　　长　653km
远景输送能力　40015万吨/年
完 成 运 量　1.034亿吨

一、工程概况

大秦铁路2亿吨扩能综合工程是国务院批准的《中长期铁路网规划》中急需实施的重点项目之一，主要工程包括：11个车站的站场技术改造，延长既有车站到发线长度，对不能适应2亿吨运能要求的车站进行扩建增加股道；通信信号改造，对大秦线现有通信系统进行改造，建立铁路综合数字移动系统（GSM—R），区间地面信号设备采用ZPW—2000A轨道电路双线双方向四显示自动闭塞系统；全线电气化配套改造；机务车辆配套改造等工程。扩能改造后铁路主要技术标准：线路等级：Ⅰ级；正线数目：双线；限制坡度：上行（重车方向）4‰，下行（轻车方向）12‰；最小曲线半径：一般800m，困难400m；牵引种类：电力；机车类型：SS4G、和谐1；牵引质量：20000t；部

运行中的两万吨列车

分列车10000t；到发线有效长度：2800m；闭塞类型：自动闭塞。远景输送能力为40015万吨/年。

大秦铁路西起北同蒲线的韩家岭车站，东至秦皇岛柳村南站Ⅱ场，纵贯山西、河北两省，北京、天津两市，全长653km，是我国铁路第一条开行重载单元列车的煤炭运输专线，主要承担晋北地区和内蒙古西部煤炭外运任务。目前煤炭运量占全国铁路煤运总量的约1/4，担负着全国六大电网、五大发电公司、380多家主要电厂、十大钢铁公司和6000多家工矿企业的生产用煤和出口煤炭运输任务，用户群辐射到15个国家和地区以及26个省、市、自治区，对我国经济发展举足轻重。大秦铁路原设计输送能力为每年1亿吨。2002年，完成运量1.034亿吨，为了落实国家能源发展战略、加快“三西”地区煤炭外运、构建大通道煤运网络，2004年，对大秦铁路进行2亿吨扩能改造，通过扩能改造，2005年工程竣工当年运量即达2亿吨，并以每年5000万吨的运量递增，2007年运量超过了3亿吨，大大缓解了我国煤电油运紧张的局面。2008年年初南方遭遇冰雪灾害，铁路大力组织电煤抢运，其中大秦铁路功不可没，日均煤运量达到百万吨以上，为全国抗灾救灾斗争提供了强有力的保障，充分显示了铁路煤运在我国国民经济中之重要地位。

二、科技创新与新技术应用

大秦铁路扩能改造工程，采用列车牵引质量达2万吨，行车密度及线路通过能力居世界重载铁路之首，在我国铁路史上开创了大秦模式，是现代化重载铁路的示范性工程，也是我国既有铁路改造的样板工程。

1 国际上首次借助GSM-R平台和热备机车通信模块，实现了2万吨重载列车的机车同步操控，成功地开行了2万吨重载组合列车。

2 自主研发的ZPM · XKD型大电流空心线圈居国际领先水平，系统地解决了通信信号系统适应大牵引电流和抗大不平衡牵引电流能力的技术难题。

改造后的线路

G网基站及发射塔

3 在技术作业站采用75kg/m钢轨12号可动心道岔和75kg/m钢轨12号固定辙叉5.3m间距交叉渡线技术属国内首次采用；采用到发线有效长度2800m，“2重（或空）夹1机走”线束的平面布置形式和长达1500km的循环机车交路，优化的生产力布局，提高了行车密度，确保2万吨重载列车的开行。

4 站内轨道电路采用ZPW-2000A站内一体化轨道电路，是国内第一次在既有干线上使用。完善和提高了机车信号主体化地面传输系统在站内的安全等级，填补了国内空白。

下庄变电所

站场接触网软横跨施工

该工程在重载铁路扩能改造方面达到了国际领先水平，在节能降耗方面效果显著，经济和社会效益显著，对今后类似工程的设计和施工有示范意义。

行运中的两万吨列车

大机清筛

G网交换中心

开通后的柳村南站

信号联锁机械室

合肥至福州铁路

正 线 全 长　834.4km
桥　隧　比　85.82%
开 工 时 间　2010年4月
竣 工 时 间　2015年6月28日
总　投　资　1019.95亿元

行走在茶园之间的南岸特大桥

一、工程概况

合肥至福州铁路，是中国首条时速300km的山区高铁，被誉为中国“最美高铁”。线路纵贯安徽、江西、福建三省，正线全长834.4km，桥隧比85.82%，其中福建段桥隧比90.1%，隧道占比66%，工程建设难度极大。

全线新建车站21个，改建车站2个。全线正线桥梁498座375.8km，采用了“骑跨式”高架车站、顶推法施工大跨度连续梁柔性拱组合桥、带悬臂T构连续站台梁等多种创新结构设计。全线正线隧道212座340.3km，研究采用桥隧相连结构和缓冲结构平导等创新技术。与16条铁路交叉跨越或并行，全线铺轨1628km，以II型板式和 I型双块式为主。

工程于2010年4月开工建设，2015年6月28日竣工，总投资1019.95亿元。

二、科技创新与新技术应用

1　在国内首次采用“骑跨式”车站，使合福与杭长高铁“十”字交叉，节省土地和投资。

2　采用后插钢筋笼CFG桩与桩顶钢筋混凝土筏板组合技术，确保了半填半挖路基的稳定，这在国内是首次大范围使用。

3　在地质勘查中，研发了三维遥感解译技术，应用大地音频电磁法结合深孔的隧道综合勘察技术，提高了勘察效率和精度。

4　推广使用接触网增强防污染设计，使用复合绝缘子，加大了绝缘子的耐污闪能力。

5　开展环境选线、环保设计，线路避开绝大部分环境敏感区，不能避开的，采用有效保护措施，推广新型污水处理技术，建设绿色长廊，建成“最美高铁”。

上饶站（杭长与合福“十”字形交叉）

武夷山北站及高边坡防护

黄山北站

合福高铁穿越徽派小镇

铜陵长江大桥

绿色环保的隧道洞口

CREG
WIRTH
CRH

隧道

隧道及地下工程是我国基础设施建设的一个重要领域，也是土木工程的一个重要学科，对国民经济和社会发展、提高人民生活质量具有重要作用。据统计，我国近几年在铁路、公路、水利水电、城市地铁等领域已经建成的隧道28600多公里,每年增加3000多公里。我国已成为世界上隧道数量最多、建设规模最大、发展速度最快的隧道大国。

在隧道建设技术上，高速铁路隧道技术体系已基本形成；艰险山区复杂地质条件长大隧道建造技术不断取得进步；大断面软弱围岩隧道建造技术取得了很大进展；城市大跨浅埋隧道、越江跨河水下隧道的建造技术都已取得突破；隧道掘进机研发与制造取得了很大进步，这些都标志着我国隧道建设技术达到了一个新的发展水平。

西康铁路秦岭Ⅰ线隧道的建设,从整体上开创了我国大型机械化建设铁路隧道的新水平和新的发展阶段。秦岭隧道是中国铁路技术进步的标志性工程，秦岭隧道的创新成果在我国隧道、地铁工程、水利工程及高速铁路地下工程等技术领域有着广阔的推广应用前景。

广深港高铁狮子洋隧道为目前国内最长、标准最高的水下隧道，同时也是世界上速度目标值最高的水下隧道，是广深港客运专线的控制性工程，是我国高速铁路水下隧道标志性工程，为以后我国海峡通道建设提供了技术储备。

青藏铁路新关角隧道的通车，有效解决了制约青藏铁路西格二线运输瓶颈的难题，大大缩短了运行时间，提高了运行速度，提升了青藏铁路运输能力。该工程是我国高原铁路隧道标志性工程，为以后我国在川藏铁路建设提供了技术和管理支撑。

西康铁路
秦岭I线隧道

开工时间　1997年12月
竣工时间　2000年5月
隧道全长　18.45km
最大埋深　1600m

一、工程概况

秦岭特长隧道，全长18.45km，最大埋深1600m，隧道长度为当时国内第一位、世界第六位。秦岭隧道处在一个极为复杂的地质构造断裂带，穿过数个断层和高地应力、涌水等不良地质灾害段。

已组装好的大型隧道掘进机（TBM）全长256m

隧道按一级、重型、电气化铁路标准设计。中部6614m为钻爆法施工段，其余为TBM施工段。衬砌为复合式衬砌和湿喷钢纤维混凝土两种结构，隧道内铺设超长无缝钢轨线路。

1997年12月开工，2000年5月竣工。秦岭隧道的建成，为带动陕西经济发展和实施大西北开发战略发挥了重大作用。

该工程获2001年铁道部优质工程一等奖、2002年鲁班奖。

二、科技创新与新技术应用

1 在选线设计中，采用了遥感、地面调绘、多种物探新技术，并与钻探相结合，收集了翔实的地形、地质资料，从秦岭地区460km2范围内的17个线路方案中，优选出青岔秦岭隧道（现秦岭Ⅰ线隧道）的越岭方案。

2 勘测设计中，采用GPS全球定位系统和V5大地音频电磁探测仪及遥感技术，达到国内领先水平。洞内采用ZED导向系统，隧道控制测量横向贯通误差为10mm，高程贯通误差为4mm，测量精度在长大隧道施工中处于先进水平。

3 首次引进德国先进的大型隧道掘进机（TBM）设备与施工技术，可连续完成掘进，初期支护，仰拱块安装，风、水、电延伸和自行轨道铺设等作业。施工全过程采用电脑PLC程序控制，实现了无爆破、无振动、无粉尘的工厂化快速掘进，达到国际先进水平。创造了单口月掘进528m和日掘进40.5m两项全国最高纪录。

4 采用了超前锚杆、小导管注浆、湿喷钢纤维混凝土等技术措施，解决了通过断裂带及各种不良地质地段施工难题。应用无钉铺设防水板技术，确保防水效果。路内首次研制应用的TK-961型转子活塞式湿喷机，获铁道部科技进步二等奖，国家技术发明三等奖。

5 秦岭隧道平行导坑掘进，采用硬岩深孔掏槽技术，在1997年4月份，单口掘进456m，创全国铁路导坑掘进最高纪录。

6 在国内首次采用弹性支撑块式整体道床新型结构，克服了旧型整体道床轨道支承块不可抽换的弊端，改善了列车振动和噪声条件。

正在施工中的西康铁路秦岭隧道南口

正在施工中的西康铁路秦岭隧道北口

翻车机正在对出渣列车翻渣

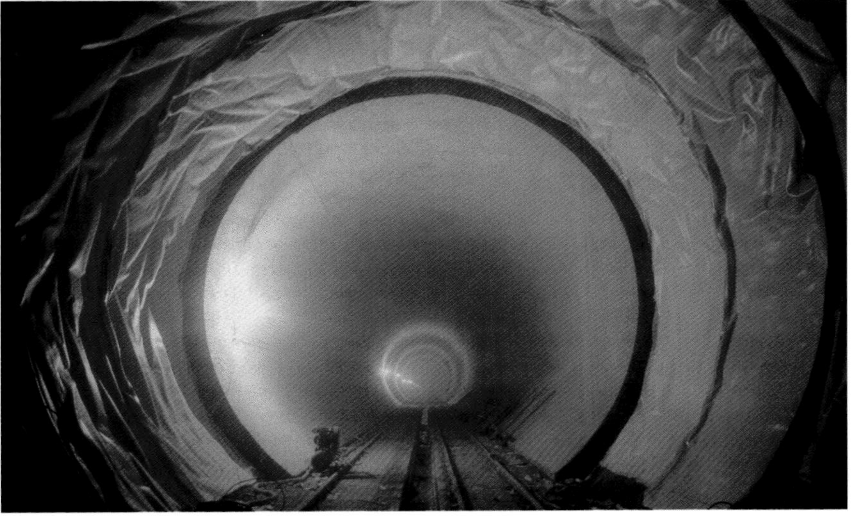

已完成的圆形断面混凝土衬砌及衬砌前的防水板铺设

TBM附属设备皮带运输机在为运渣列车装渣

TBM 主机的直径8.8m 的旋转大刀盘，掘进至拆卸洞贯通时的情景

掘进中的TBM附属设备正在进行铺设仰拱预制块（施工轨道道床）

液压穿梭式衬砌模板台车正在作业中

7 在国内首次采用一次铺设超长无缝线路，为新线铺设超长无缝线路积累了经验，填补了我国新一线铺设长轨无缝线路的空白。

8 自行研制路内领先的穿行式圆形衬砌模板台车（由防水板铺设架、具有自稳性能的模板总成、穿行架、浮放道岔，后配套等组成），解决了独头运输运距长、工作面多、工序干扰大的施工难题，方便定位、脱模，克服了圆形断面浮力大的问题，提高了生产效率，实现了衬砌混凝土质量内实外美。

9 在国内长大隧道首次应用套靴式（Ⅰ型）弹性支承块整体道床新型结构（其施工调整精度最大误差2mm）。应用专用机具，高精度、快速施工弹性整体道床，为高速列车运行提供了线路保证。

10 采用的维护及报警系统，填补了我国长大隧道无报警通信的空白。提高了铁路运营中的隧道应急报警能力。

11 首次在电气化接触网工程中，采用国际先进的HVA化学粘固技术及螺栓，达到了不破坏防水层，又便于施工的目的。

12 隧道进出口均设置了专用污水处理厂，施工污水处理后达标排放，符合国家环保要求。

在国内首次采用弹性支撑块式整体道床新结构

广深港高铁
狮子洋隧道

开工时间 2006年5月
竣工时间 2011年12月
隧道全长 10.8km
总投资 23.488亿元

一、工程概况

狮子洋隧道是国家“四纵四横”铁路快速客运网重要组成部分广深港高铁穿越狮子洋海域的关键工程，位于珠江口狮子洋，西接广州东涌站，东连东莞虎门站，穿越小虎沥、沙仔沥和狮子洋三条水道，是世界上行车速度最高的水下隧道，世界上长度仅次于英吉利海峡隧道的水下盾构隧道，也是国内首座水下铁路隧道，被誉为“中国世纪铁路隧道”。

隧道设计行车速度目标值350km/h，最小平曲线半径7000m，最大纵坡20‰。隧道全长10.8km，其中盾构段长9340m，明挖暗埋段长1150m，敞开段长310m。盾构隧道为双洞隧道，衬砌外径10.8m，内径9.8m，采用“7+1”分块方式的通用楔形环钢筋混凝土单层管片衬砌。盾构隧道轨面以上净空有效面积不小于60m^2，承受最大水头67m。隧道进出口为明挖段，明挖段与盾构段采用工作井转换，工作井长23m。盾构隧道采用4台泥水平衡式盾构施工，盾构两两地中对接解体。全隧道左右线之间共布置横通道23处，其中盾构段19处，明挖段2处，工作井2处。

工程于2006年5月开工建设，2011年12月竣工，总投资23.488亿元。

开通运营中的广深港高铁狮子洋隧道

全景示意图

二、科技创新与新技术应用

1 在国内首次进行盾构地中对接施工，开发了盾构地中对接技术；研发了高速铁路双孔单线隧道净空面积优化与气动效应缓解技术，首创了世界双孔单线高铁隧道洞口缓冲结构；提出了基于隧道荷载与施工安全控制要求的盾构法水下隧道基岩覆盖厚度的选择原则与计算方法；建立了国内首个水下隧道紧急救援站，形成了特长水下铁路隧道紧急救援站技术；解决了深水、宽海域下特长隧道的总体设计难题，实现了工程施工与运营风险、工期风险、造价等因素的合理平衡与综合优化。

2 研制了国内首台大直径复合式泥水平衡盾构机复合式刀盘与刀具配置方案，建立了复合式盾构掘进技术体系；开发了内部结构同步施工技术，攻克了大直径盾构长距离连续穿越软土、砂层、岩石风化层、破碎带和硬岩地层的技术难题和同步施工难题，单台盾构最大掘进长度达5200m，是国内在复合地层中一次掘进最长的隧道，实现了我国水下盾构隧道修建长度的大幅突破。

建成了复合基岩地层大直径盾构隧道

研制的大直径盾构机工厂组装中

狮子洋隧道明挖及盾构工作井施工概貌

研制的复合式刀盘下井拼装

标准化的盾构隧道管片生产工厂

3 创立了复合地层水下盾构隧道结构选型方法和结构空间化设计方法，根据地质条件的不同分别采用单、双层衬砌相结合的衬砌结构形式，并利用隧底填充混凝土设置钢筋混凝土纵梁，研发了“管片+内衬+隧底纵梁”的空间结构体系，解决了结构设计、软弱地层列车振动响应控制等难题，实现了高速铁路高平顺和舒适稳定运行。

建成的狮子洋隧道

关角隧道格尔木端洞口全景

青藏铁路
新关角隧道

开工时间 2007年11月
竣工时间 2014年12月
隧道全长 32.69km
设计时速 160km/h
总投资 49.6095亿元

一、工程概况

该隧道长32.69km，设计时速160km/h，为双洞单线隧道，采用钻爆法施工，设11座斜井，长15.266km，设泄水洞1座，长8.06km，是我国首座长度超过30km的隧道。

该隧道自然环境极其恶劣，隧道洞（井）口平均海拔3600m，施工通风距离达5km，洞内氧气含量仅为平原地区的60%，施工环境保障面临极大挑战；地质条件极其复杂，密集断层束长3km，具极高的应力，变形控制难度大；岭脊段

穿越长10km的高压富水灰岩地层，风险极高；高海拔特长隧道的运营通风、防灾疏散救援等运营安全保障极具挑战；特殊的自然和人文环境、隧道工程难度，导致建设管理难度极大。

隧道的建成使运营线路长度由75.904km缩短为39.084km，运行时间由2h缩短为20min，打通了控制青藏铁路运输的最大关口。采用长隧道从基底穿越青海南山，节省用地、退还土地资源效果极为显著；利用高原草甸移植存放进行地表恢复，投放PAC进行污水处理，达标排放，环保成就卓越。采用特长隧道，节约运营费显著；采用自然通风和斜井隔板式施工通风等新技术，节能减排、节省投资显著。

工程于2007年11月开工建设，2014年12月竣工，总投资49.6095亿元。

斜井隔板式通风

围岩变形导致初期支护开裂

隧道内紧急救援站

二、科技创新与新技术应用

1 建立了高海拔特长隧道火灾救援站的模式和基于安全隧道供风、竖井均衡排烟的防灾疏散救援技术体系。

2 提出了高海拔铁路隧道运营中有害气体及粉尘浓度的容许值；论证了关角隧道运营通风采用自然通风方案的可行性。在设计中突破了“电力机车牵引，长度大于15km的客货共线铁路隧道应设置机械通风”的一般规定，取得了节省能耗和节约投资的良好效果。

3 针对高原缺氧的恶劣条件，开发了长斜井隔板式施工通风技术，实现了长距离、大风量、多工作面同时供风；设置节能型升温风箱，利用空压机循环水对冷空气加温，可提高施工作业区温度3~4℃。

4 为了解决高海拔地区长斜井出渣重车上坡污染严重的问题，研发了长斜井皮带运输机出渣系统技术，创新了钻爆法施工出渣运输作业模式。

弃渣场

隧道内注浆堵水

隧道内排烟风机房

5 针对风积砂地层围岩松散，易于坍塌的难题，研发了四台阶九步开挖法和相应的初期支护体系，提出了仰拱封闭距离小于16m的控制指标，有效防止了隧道塌方。

6 为了防止高水头富水围岩段施工中地下水突涌，确定了出水量预警值，开发了岩溶裂隙水顶水注浆系统技术。

7 针对挤压性围岩大变形的特点，提出了着重加强边墙的支护结构，加大边墙曲率，使横断面形状接近圆形，用锚杆加固围岩等措施。

草皮移植

皮带机运输系统

20 公路

公路工程作为基础产业，在国民经济中占据着举足轻重的地位，发挥着重要的作用。改革开放40余年以来，从起步阶段，到稳步发展阶段，再到高速发展阶段，我国已逐步建立起世界上规模最大的高速公路网。截至2018年年底，全国公路通车总里程达484.65万km，其中，高速公路里程达14.26万km。此外，国省干线的升级改造，农村公路的全面发展都取得了令人瞩目的巨大成就。

在打造“品质工程”、实施“绿色公路”建设、推进“智慧交通”发展等政策引领下，质量、环保和智能等理念也正深刻融入公路工程建设中。在高原冻土、膨胀土、沙漠等特殊地质的公路建设技术克服世界级难题，道路工程用新材料、新工艺、新方法取得重大突破，为实现交通强国建设奠定了坚实的基础。

这些成绩的取得离不开科技的进步，通过公路交通科技工作者的不断创新和探索，我国筑路技术已然迈入世界领先行列。

大理至丽江高速公路是出滇入藏、通川的重要通道，是我国第一条通达藏区的高速公路，大丽公路的建设对改善滇藏公路“通而不畅”的局面、方便滇藏两省区的交通联系、加强区域民族团结稳定发挥了重要的作用。

上瑞国道主干线湖南省邵阳至怀化高速公路是联系我国华东、中南及西南地区交通战略大通道，是湖南省首条进入山区的高速公路。面对雪峰山隧道等复杂地形，成功攻克山区高速公路六大技术难题，施工经验形成了经典邵怀模式，对以后山区高速公路的设计施工具有指导意义。

江西省景德镇至婺源（塔岭）高速公路在设计施工中充分贯彻了“环保至上”理念，达到“景观纷呈、路貌与自然珠联璧合”之功效，该公路的建成极大地改善了沪、皖、杭、婺、景、九旅游大通道的“瓶颈”状况，形成赣皖浙沪旅游风光带和旅游经济圈，为加快当地经济的发展，产生了巨大的促进作用。

大理至丽江
高速公路

开工时间	2010年6月
竣工时间	2016年5月
总里程	259km
总投资	187.99亿元

挖色立交——通向洱海东岸的旅游通道

一、工程概况

大理至丽江高速公路是国家高速公路网横12杭州至瑞丽公路的联络线，是我国第一条通达藏区的高速公路。项目建设对贯彻落实国家西部大开发战略，打通滇藏公路运输的快速通道，促进中国香格里拉生态旅游区的和平与繁荣，带动沿线经济发展、加强民族团结、巩固国防等具有重要的意义。

大丽高速建设总里程259km，其中主线192km，连接线67km。双向四车道，路基宽度24.5m，设计时速80m/h。全线路基土石方4253m^3，特大桥23858m/15座，大桥61242m/187座，中小桥12125m/217座，隧道38286m/10座。互通式立交12处，分离式立交11处，收费站12个。服务区、停车区、管理处、监控中心、观景台共19处。

工程于2010年6月开工建设，2013年12月全线建成通车，2016年5月竣工，总投资187.99亿元。

公路文化建设——镜海观景台——该观景台可观赏洱海及双廊古镇风光（大丽高速利用沿线取弃土场及三角地带，建设了8个观景台，在沿线服务区设置了多个雕塑墙和文化景观，展示公路沿线历史文化、民族文化和交通文化等）

二、科技创新与新技术应用

1 设计理念的创新，“以功能为主线，以安全为核心”作为总体设计原则，以“安全、舒适、耐久、节约、和谐、融入旅游文化”作为设计理念，较好地实现了“以大丽高速公路为纽带整合区域内的旅游资源；以大丽高速公路建设为契机保护和弘扬区域内的民族文化；以大丽高速公路建设为动力推动区域内的环境保护”，“建设一条旅游文化路”的设计目标。

2 技术创新与应用：

（1）针对项目特点开展了公路与铁路小垂距交叉软岩隧道设计施工关键技术项目研究，创新研发形成了一套小垂距软岩交叉隧道设计、施工和监测技术体系。

挖色特大桥高墩爬模施工——云南省首次采用门式脚手架搭设圆形转梯，设置廊桥人行通道等方便施工和安全防护措施，极大地提高了工作效率，取得良好的使用效果，得到业内好评

路面施工——严格检验原材料、加强路面施工质量控制及现场检测，质检部门在竣工验收时评定大丽高速路面质量为“优良”

（2）深厚湖相软土地基处治技术及工程应用，成功处治了沿线50多公里的深厚湖相软基，确保了工程质量，有效减少了路基工后沉降及桥头跳车，提高了行车舒适性与安全性。

（3）三维成像隧道地质超前预报成套技术研究与工程应用，准确预报掌子面前方地质构造和不良地质体的空间分布位置，超前掌握隧道围岩类别及地质情况，确保隧道结构在施工过程中的整体稳定，达到设计的动态再优化和设计合理性有效验证，并控制施工、保证质量。

（4）研制定型可移动式喷淋养生台架，节约了材料和用地。

（5）率先在云南采用高速公路交通地理TGIS信息系统、绿色通道不停车检测系统、车辆高温检测系统等8大系统，为高速公路智能化管理提供了决策依据。

长育大桥——全长3.5km，为避免穿越洱海和避让村庄和农田，大丽高速公路指挥部优化设计改路为桥，沿山脚而建，节约耕地500余亩

白玉村特大桥

具有民族特色的双廊隧道，最大限度实现了洞门“零仰坡”

洱源坝子

上瑞国道主干线 湖南省邵阳至 怀化高速公路

开工时间　2003年9月
竣工时间　2007年12月
主 线 长　155.6km
总 投 资　83.6亿元

一、工程概况

湖南省邵阳至怀化高速公路是国家重点建设的"五纵七横"国道主干线中上海至瑞丽高速公路中的一段，是联系我国华东、中南及西南地区交通运输战略大通道，为湖南省首条全面进入山区的高速公路。

项目起于潭邵高速公路，终点周旺铺互通，途经邵阳隆回县、洞口县，穿雪峰山，至怀化安江，跨沅水，穿鸡公界，止于中方县竹田互通，与怀新高速公路相接。

主线长155.6km，设计速度分别为120km/h、100km/h、80 km/h，路基宽分别为28m、26m、24.5m。全线桥梁31.3km/136座；隧道31.1km /16座，其中含雪峰山隧道7km（双洞）。

工程于2003年9月开工建设，2007年12月建成投入使用，总投资83.6亿元。

湘西屏障亘千里，峰峦叠嶂构蓝图。手牵巨龙穿雪峰，穿越时空成壮举

二、科技创新与新技术应用

1 针对当时国内第一的雪峰山隧道复杂地形、地质和水文，运用了数字模型、TSP地质超前预报、航测遥感与GPS、无损检测和新奥法施工等众多领先技术，攻克了越岭深埋特长公路隧道勘察、测量等技术难题。

2 利用理论分析、数值模拟和大比例尺物理模型试验解决了特长公路隧道通风、防灾难题。

3 研发了山区高速公路超长连续纵坡行车安全关键技术、南方山区高速公路路基修筑支撑技术等，解决了山区高速公路修筑难题。

4 编制了预应力混凝土公路桥梁通用设计图，创造并推行了连续配筋混凝土路面滑模摊铺施工工法和大跨径桥梁箱梁全断面一次悬浇施工工法，提高施工效率、缩短了工期。

5 研发了膨胀土地区公路建设成套技术、南方山区特殊土公路路基处治关键技术，攻克了膨胀土等特殊土公路路基病害世界性难题，确保行车安全、节省投资。

6 开展“山区高速公路水土保持新技术”和“西部公路建设中土地资源保护技术研究”研究，保护了沿线环境脆弱的自然条件和稀缺山区土地资源。

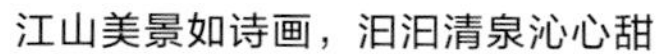
江山美景如诗画，汩汩清泉沁心甜

智者不惑涂白云，勇者无惧画蓝天

青山巍峨挡不住，一线长桥越秀峰

梦幻

彩虹盘旋在山下，自然风光构和谐

大山心房洞口塘，半山半水显奇观

大路朝天通罗马，秀美如画在云间

长途捷径

江西景德镇至婺源（塔岭）高速公路

开工时间	2004年11月
竣工时间	2010年9月
路线全长	116.144km
总投资	45.12亿元

一、工程概况

该工程是国家“7918”高速公路网规划“18横”中的“一横”，即杭州至瑞丽高速公路在江西省境内的一段，也是江西省规划的“三纵四横”高速公路主骨架网中的“一横”。起点位于皖赣两省分界处的塔岭，止于景德镇市以西鲤鱼洲，与九景高速公路相接。

景婺黄高速公路是一条全封闭、全立交、双向四车道高速公路，路线全长116.144km，其中A段（塔岭至婺源）设计时速为80km/h，路基宽24.5m；B段（婺源至景德镇）设计时速为120 km/h，路基宽28m；汽车荷载等级：公

路—Ⅰ级。主线路面基层采用水泥稳定碎石，主线路面采用沥青混凝土路面，设计年限15年，设计标准轴载BZZ-100KN；设计洪水频率：特大桥为1/300，路基及大、中、小桥涵均为1/100。

全线路基土石方总量2603万m^3；桥梁19770.92m/126座，其中特大桥1029m/1座；隧道单幅计15077m/14座；全线桥梁、隧道累计长度为26.8km，占路线总长的23.1%；互通立交8处，分离式立交30处；沥青混凝土路面1508058m^2；管理处、服务区、停车区、养护中心、收费站、观景台共10处。

工程于2004年11月开工建设，2006年11月完工试运营，2010年9月通过竣工验收，总投资45.12亿元。

景婺黄高速公路路线美景

二、科技创新与新技术应用

1 该项目结合自然、人文和工程环境等特点，提出“新理念设计、规范化管理、环保型施工、全优良品质”的典型示范建设思路，确定了“理念新、质量优、环境美、特色强”的建设目标，制定了《典型示范工程实施纲要》、《典型示范工程施工环保工作要点》、《争创詹天佑土木工程奖实施意见》等文件。项目工程质量、安全、投资、环境保护等控制良好，实现了典型示范工程的各项建设目标。同时，结合项目地域特色，将婺源徽派建筑文化、景德镇陶瓷文化巧妙地引入到沿线设施中，丰富了文化内涵，诠释了公路文化，实现了项目建设与沿线自然及人文环境的和谐统一。

山、桥、路、水融为一体的自然景观

2 设计中灵活运用技术标准、指标，通过地质、地形、环保和安全选线，摒弃高速公路“越直越好”的传统观念，在崇山峻岭区段，大胆采用“S”形沿山势穿行，找到一条对环境影响最小，与山川、河流走势相吻合的路线走向，处处体现“不破坏就是最好的保护”、“在设计上最大程度地保护”思想。为了保护生态，灵活运用了多种路基断面形式，以整体式路基断面为主，同时采用不常见的分离式、台阶式、半路半桥式。运用“动态设计”理念，逐个对边坡、防护、绿化形式、隧道洞门设置和互通走向进行了动态设计，真正把保护环境放到了首位。

3 在管理、设计、施工等方面以课题研究支撑项目建设，实施科技创新。开展了《隧道渗漏水病害的现场观测和防治技术研究》、《隧道群施工若干关键技术研究》、《抗滑表层及沥青碎石排水基层设计与应用技术研究》、《高速公路隧道防灾与安全管理系统研究》、《优化拱轴线混凝土拱涵应用技术研究》、《大厚度、大宽幅抗离析摊铺控制技术研究》等科研项目。

江湾互通

五彩景婺黄

景婺黄高速公路瀛川特大桥（环保施工）

20 水利

水利水电工程是我国重要的基础设施，是大型土木工程。新中国成立以来，我国建设的大量水利水电工程在抵御洪旱灾害、优化水资源配置、改善水生态环境、促进流域区域协调发展等方面发挥了重要作用。我国已成为水库大坝数量世界最多、水电装机容量世界最大、坝工领域科技创新最多的国家，尤其是近年来建成的一批世界级规模和综合难度的水利水电工程，成为我国引领国际水利水电发展的重要标志，并有力促进了我国水利水电技术走向世界，形成了强大的国际竞争力。

黄河小浪底水利枢纽是黄河治理开发的关键性控制工程，是世界最复杂、最具挑战性的水利工程之一。工程在基础深混凝土防渗墙施工、高含沙水流进水口防淤堵、大规模洞室群进出口高边坡加固技术等方面取得了众多技术创新。工程投运使黄河下游防洪标准由60年一遇提高到千年一遇，黄河下游河道20年不淤高，生态环境显著改善。获2009年国际里程碑工程奖，得到国际广泛认可。

云南澜沧江小湾水电站大坝在建时为世界最高拱坝，是世界上承受水荷载最大的双曲拱坝，在特高拱坝结构和抗震安全设计、700m级特高边坡及坝基开挖卸荷松弛处理等方面取得重大技术突破，形成了300m级特高混凝土拱坝设计理论和筑坝关键技术体系。获2016年国际里程碑工程奖，得到国际广泛认可。

雅砻江锦屏一级水电站工程拱坝最大坝高305m，为世界已建最高坝。在建设过程中成功解决了高陡边坡、高地应力、高水头、深部卸荷裂隙等世界级技术难题，取得了众多技术创新和突破，获2015年世界工程组织联合会杰出工程建设奖，得到国际广泛认可。

湖北清江水布垭水电站大坝是世界已建最高的面板堆石坝，研发应用了现代最先进的混凝土面板堆石坝技术，代表了该坝型建设的最高水平。在大坝变形控制、渗流控制、施工与质量控制以及安全监测与反馈分析等方面取得重大技术进步，形成了200m级高面板坝设计理论和筑坝技术体系。获2009年国际里程碑工程奖，得到国际广泛认可。

黄河小浪底水利枢纽

开 工 时 间 1991年9月1日
竣 工 验 收 2009年4月
总装机容量 1800MW
电 压 等 级 220kV

一、工程概况

小浪底工程位于河南省洛阳以北40km黄河干流上，坝址上游距三门峡水利枢纽130km，下距黄河花园口128km，控制流域面积69.4万km^2，是国家“八五”重点建设项目，“以防洪、防凌、减淤为主，兼顾供水、灌溉和发电，蓄清排浑，除害兴利，综合利用”为开发目标的一等工程。

小浪底工程主要由大坝、泄洪排沙系统和引水发电系统组成。主坝为壤土斜心墙堆石坝，最大坝高160m，坝顶长1667m，坝下混凝土防渗墙21093m^2，最大造孔深度81.9m，墙厚1.2m。坝体总填筑量5073万m^3，水库壅高水头140m，总库容126.5亿m^3。泄洪排沙系统包括进水塔群，由导流洞改建的3条直径为14.5m的孔板消能泄洪洞，3条断面尺寸为（10.0～10.5m）×（11.5～13.0m）的明流泄洪洞，3条直径为6.5m的排沙洞，一条正常溢洪道

主坝

和一条非常溢洪道，一座两级消能的消力塘。引水发电系统包括6条直径为7.8m的引水发电洞，一座长251.5m、跨度26.2m、最大开挖高度61.4m的地下厂房，一座主变室，一座尾水闸门室和三条断面为12.0m × 19.0m的尾水洞，一座6孔防淤闸，一座228.5m × 153.0m的220kV地面式开关站。

电站安装6 × 300MW混流式水轮发电机组，总装机容量1800MW。电站主接线采用双母线双分段带旁路接线方式，电压等级为220kV，出线6回，是河南电网重要的调频、调峰和事故备用电站。

金属结构设备集中布置在进水塔群、孔板洞中闸室、排沙洞出口闸室、溢洪道、地下厂房尾水闸室和电站尾水出口等部位。共有124个孔口，各种闸门72扇，拦污栅26扇，启闭机74台套。

小浪底前期准备工程1991年9月1日开工，1994年4月21日通过水利部主持的前期准备工程验收。主体工程1994年9月12日开工，1997年10月28日截流，1999年10月25日下闸蓄水，2001年12月31日主体工程完工，2009年4月通过了国家发展改革委和水利部共同主持的竣工验收。

黄河小浪底水利枢纽鸟瞰图

二、科技创新与新技术应用

1 深厚覆盖层混凝土防渗墙施工技术。采用厚1.2m的混凝土防渗墙，其最大造孔深度81.9m，是我国同等地质条件下最深的防渗墙；在国内外首次采用“横向槽孔填充塑性混凝土保护下的平板式接头”新工艺。

2 多级孔板洞消能防冲技术。首次在世界上采用多级孔板消能技术，将3条直径14.5m的导流洞改建为永久的泄洪洞，不仅解决了枢纽泄洪排沙建筑物总布置的困难，还节约投资3.8亿元。经专家鉴定该技术达到国际领先水平。

3 地下洞室群进出口高边坡处理技术。对进水塔后、出口消力塘上游坡开挖形成的岩石高边坡，分别采用了系统喷锚、预应力锚索、混凝土面板、排水降压、去头减载、混凝土抗滑桩、混凝土支墩等综合处理措施。

4 复杂地质条件下洞室群施工处理技术。导流洞改建为多级孔板消能泄洪洞；排沙洞施工中采用了无粘结预应力混凝土衬砌技术；发电洞压力钢管和衬砌混凝土之间接触灌浆采用了FUKO灌浆新技术，可以进行多次灌浆，确保灌浆质量。

5 水轮机综合抗磨技术。采用了低参数抗磨水轮机、设置筒形阀、喷涂抗磨材料等新技术、新工艺、新材料，减轻了设备的磨损，成功解决了黄河汛期发电问题。

小浪底工程自1999年10月投入初期运用，至2008年底，已连续9年安全度汛，有效缓解了下游洪水威胁，基本解除了下游凌汛威胁；水库泥沙总淤积量约24.11亿m^3，水库拦沙和调水调沙使下游河道由建库前的淤积抬高转变为冲刷下切，主河槽最小过流能力由1800m^3/s提高到约3810m^3/s；增强了水资源调控能力，提高了下游引黄灌区的灌溉保证率，缓解了下游生产和生活用水紧张局面，为实现黄河下游不断流发挥了重要作用；累计发电370亿kW·h，提高了电网的安全性和供电质量，有效缓解了河南电网供电紧张局面；大片湿地的形成，为各种水生生物提供了良好的栖息地，改善了小浪底库区和下游河口地区的生态环境。

调水调沙

进水塔

大坝填筑

大河截流

云南澜沧江
小湾水电站

开工时间　2002年1月
竣工时间　2015年12月
总装机　4200MW
总投资　370.83亿元

一、工程概况

该工程是“国家重点工程”、“国家西部大开发战略标志性工程”，位于云南省凤庆县与南涧县交界的澜沧江中游河段，系澜沧江中下游河段规划八个梯级中的第二级，是澜沧江中下游河段的控制性水库电站。由华能澜沧江水电股份有限公司投资建设，工程以发电为主，兼有防洪、灌溉、拦沙及航运等综合利用效益。

工程枢纽由混凝土双曲拱坝、左岸泄洪洞、地下厂房和右岸引水发电系统等组成。大坝坝高294.5m，坝顶弧长892.786m，坝身布置5个表孔、6个中孔和2个放空底孔，工程建设时是世界最高拱坝，也是世界上承受水荷载最大的拱坝，在设计和建设中解决了多项世界级技术难题。水库总库容150亿m^3，是澜沧江中下游河段的龙头水库，具有多年调节性能。工程边坡高达700m，大坝坝顶高程1245m，水库正常蓄水位1240m，死水位1166m，汛期限制水位1236m。电站安装6台单机700MW世界上水头最大、转速最高的混流式机组，总装机4200MW，多年平均发电量190亿kW·h，保证出力1778MW，为一等大(I)型工程。工程建成以来，历经多次正常蓄水位考验，运行状况良好。大坝最大渗流量仅2.78 L/s，为世界同类工程最优。

工程于2002年1月开工建设，2015年12月竣工，总投资370.83亿元。

小湾特高拱坝

引水发电系统进水口

小湾边坡开挖工艺被谭靖夷院士称为“艺术品”

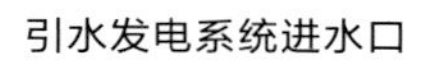

小湾特高拱坝泄洪全貌

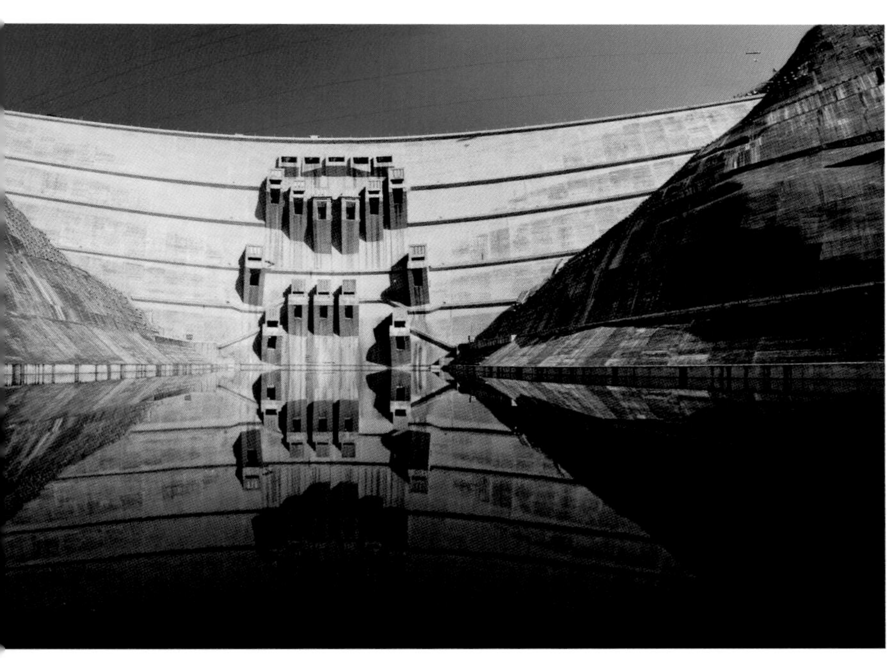

雄伟的小湾特高拱坝庐山真面目

二、科技创新与新技术应用

1 创立了特高拱坝结构设计新理论，确定了合理体型，优化了大坝混凝土配合比，发明了可预防高压水劈裂的柔性防渗体系等措施，解决了特高拱坝结构安全问题，成功实现了世界特高拱坝由坝高272m到294.5m跨越。

2 针对地震加速度0.313*g*的抗震安全难题，提出了新的特高拱坝抗震安全设计方法和拱坝体系整体失效的定量准则，提出了跨横缝抗震钢筋及坝顶安装减震装置等措施。成果纳入了国家规范并广泛应用于之后的众多工程。

3 针对700m级特高边坡及坝基开挖卸荷松弛处理难题，研制出了新型锚固钻机及荷载分散型锚索施工技术，建立了三维边坡稳定下限分析方法，形成了特高边坡及坝基处理成套技术。

4 针对大体积混凝土防裂施工和安全监控难题，提出增加中期冷却并实现了小温差、早冷却、慢冷却的施工技术，建立了特高拱坝温控标准。建立了具有预测、预警和结果三维可视等新的功能的特高拱坝安全监测实时分析系统，实现了大坝工作性态全过程实时安全监控。

5 工程重视节能、节地、节水、节材和环境保护。通过优化开关站布置和骨料运输及加工系统，在节能的同时，节约土地1000余亩；充分利用开挖料，节约石料400万m^3；施工用水循环利用，减少用水280万m^3。工程共节约投资2.8亿元。建立了珍稀动、植物保护区和自然保护区，取得了良好的成效。

6 工程建成以来累计发电1415亿kW·h，贡献税收90亿元，龙头水库的调节性能使下游电站每年增加电量62亿kW·h。工程经济和社会效益巨大。

高坝大库

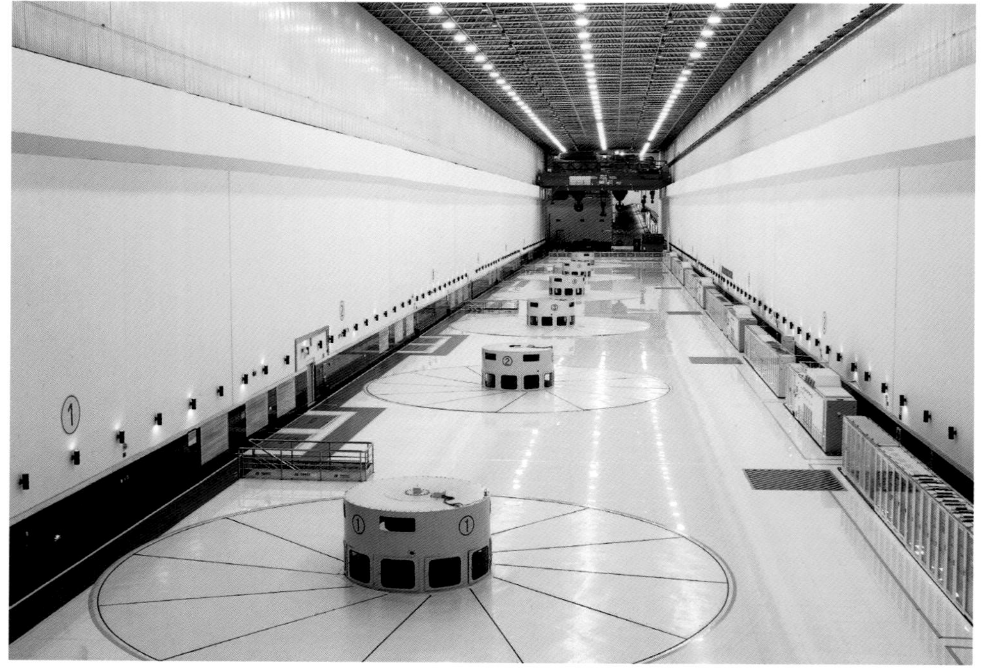

安装有6台单机700MW混流式机组的地下厂房

当今世界单机容量700MW级水头（87m）最大、转速（nr=150r/min）最高的水轮机

璀璨灯光下的小湾水电站夜景

雅砻江锦屏一级水电站工程

开工时间	2005年9月
竣工验收	2016年4月
装　　机	3600MW
库　　容	77.6亿m^3
总 投 资	401.7亿元

锦屏一级水电站大坝全景

一、工程概况

雅砻江锦屏一级水电站工程，坝高305m，是目前世界所有坝型中的第一高坝。该工程装机3600MW，库容77.6亿m^3，是一等大（1）型工程，大坝为混凝土双曲拱坝。工程以发电为主，兼有防洪任务。工程于2014年8月蓄水至正常水位以来已经过多次洪水考验，大坝、地基、高边坡的变形、应力、渗流、渗压等各项指标均满足设计要求，运行工况良好。工程于2013年8月投产发电至2017年5月底，已累计发电580亿kW·h，累计交税43.22亿元，工程效益显著。该工程具有高拱坝、高陡边坡、高地应力、高水头泄洪消能、深部卸荷裂隙等特征。

工程于2005年9月开工建设，2016年4月通过竣工验收，总投资401.7亿元。

锦屏一级水电站枢纽工程全景图

锦屏一级水电站大坝仰视图

二、科技创新与新技术应用

1 针对305m特高拱坝复杂地基变形控制等难题，创建了拱坝与地基协同分析一体化设计和安全评价理论，实现了拱坝从200m级到世界最高坝的跨越。

2 针对倾倒变形、断层交汇、深部裂隙发育复杂地质条件，以及高陡边坡稳定难题，提出了“抗剪洞、大吨位长锚索结合锚喷支护、立体排水”的综合技术措施，实现了高达530m高陡边坡的稳定安全。

3 针对高地应力、构造发育的地下厂房洞室群围岩稳定难题，首次提出了“浅表固壁—变形协调—整体承载”的大变形控制技术，保障了地下厂房洞室群的安全。

4 针对高水头、超高流速、大泄量及泄洪雾化难题，首创坝身水流空中无碰撞泄洪消能与减雾、泄洪洞高效减蚀和燕尾坎挑流消能防冲等技术，安全监控表明，消能、防蚀、减雾效果良好。

锦屏一级水电站大坝

锦屏一级水电站大坝泄洪

5

针对特高拱坝混凝土防裂等难题，提出混凝土骨料碱性控制、智能温控、4.5m升层、实时监控等成套高效施工技术，节约工期5个月，大坝工程质量优良。

6

工程建设注重节能、节地、节水、节材和环境保护。采用薄拱坝设计、废水处理回用、分层取水等技术，43.7%的场地进行了多次利用；混凝土配合比优化节约水泥10.23万t；建立了大规模的鱼类增殖放流站，已投放鱼苗610万尾。

湖北清江水布垭水电站

截　　流	2002年10月
投入运行	2008年8月
最大坝高	233m
最大泄量	18320m^3/s
泄洪功率	31000MW

一、工程概况

清江水布垭水电站位于湖北省巴东县境内，是清江流域梯级开发的龙头电站，是一座具有多年调节性能的水库，是以发电、防洪为主，兼顾其他的一等大型水电水利工程，是国家"十五"重点建设项目和“九五”科技攻关依托工程。主要建筑物由河床混凝土面板堆石坝、左岸河岸式溢洪道、右岸地下式电站厂房和放空洞等组成。工程于2002年10月截流，2006年10月通过蓄水验收，2007

溢洪道泄洪

年7月首台机组发电，2008年8月，所有机组投入运行。

水布垭大坝最大坝高233m，是当时国内外已建和在建最高的面板坝；溢洪道泄洪水头落差171m，最大泄量18320m^3/s，泄洪功率31000MW，消能区防淘墙面积2.8万m^2，最大墙深40m；放空洞设计最大挡水水头152.2m，最大操作水头110m，平面定轮事故检修闸门滚轮轮压值为5400kN；地下电站尺寸168.5m×23m×65.47m，洞室群围岩上硬下软，软岩比例大；大电流全连式离相封闭母线垂直高差达118m；防渗帷幕灌浆接触段最大压力达到了1.5MPa；以上各项指标在当时均居国内外同类工程之首或前列。

地下厂房施工

首机定子吊装

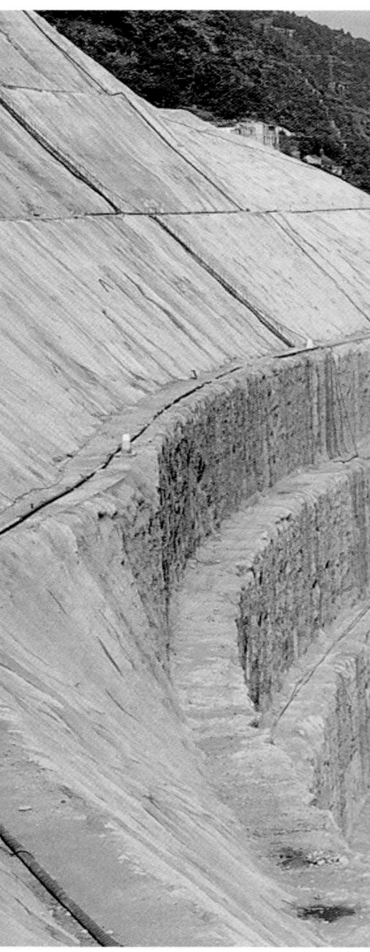

溢洪道开挖与浇筑

二、科技创新与新技术应用

1　本工程采用面板坝，避免了黏土心墙坝比较坝型所需大量黏土料对良田和植被的破坏，同时将面板坝的高度从世界纪录190m提高到230m，形成了一整套超高面板坝设计理论体系和筑坝关键技术，为扩展面板坝这一施工简易、经济安全和新坝型的应用范围，作出重要贡献。

2　采用了“标准板和防渗板”结合的新型趾板结构形式，采用挤压边墙凿断，首次在面板上设置永久水平缝、聚丙烯腈纤维用于面板混凝土，对面板坝常规的周边缝和垂直缝止水结构和止水材料进行了系统改进，研制了适应大变形的中部止水和表面自愈型止水结构，形成了一整套安全有效的超高面板坝防渗设计技术。

3 首次在大泄洪功率、消能区为复杂软岩环境的水电站泄洪消能设计中采用岸边溢洪道挑流消能和护岸不护底的防淘墙防冲方案。与常规混凝土水垫塘方案相比，避免了施工度汛风险，缩短了直线工期，节省了投资。

4 水布垭电站的兴建，能有效拦截上游洪水，对长江防洪起到巨大作用；电站总装机1840MW，年发电量39.84亿kW·h，有效减少了火力发电所造成的环境污染问题。

挤压边墙切槽技术

水电站上游全景

315开关站

水电站鸟瞰图

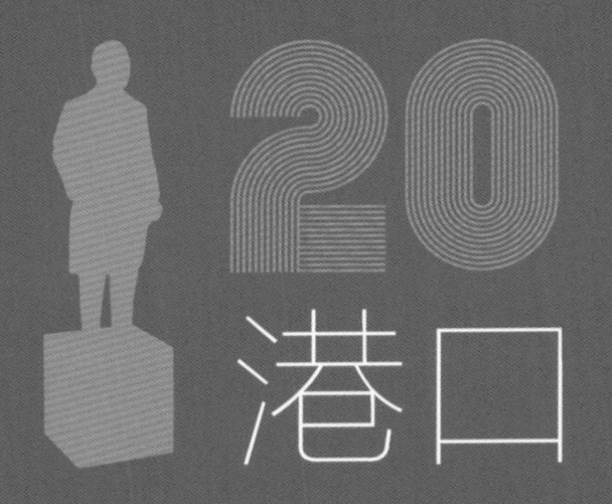

港口

水运业是经济社会发展的基础性、先导性产业和服务性行业，是综合交通运输体系的重要组成部分，在支撑国民经济平稳较快发展、优化国土开发和产业布局、促进对外贸易和国际竞争力提升、维护国家权益和经济安全等方面发挥了重要作用。

中华人民共和国成立70年来，水运建设坚持问题导向，面向世界科技前沿、面向国家重大需求、面向国民经济主战场，深入实施创新驱动发展战略，不断增强创新能力，取得了一大批世界瞩目的科技成果，在离岸深水港建设、港口装卸技术与装备、巨型河口航道整治、高水头通航建筑物建设等方面已经迈入世界先进或领先行列，有力的支撑了我国水运建设的快速发展，也为水运工程建设走出去，服务国家“一带一路”倡议提供了支撑。

长江口深水航道治理一期工程是中华人民共和国成立以来最大的公益性水运基础设施建设项目，是一项规模宏大具有重大战略决策的、举世瞩目和跨世纪宏伟工程。该工程建设了南、北导堤和丁坝等整治建筑物，通过整治工程稳定目前的优良河势，发挥导流、挡沙、减淤的功能，为深水航道开挖和维护创造良好条件；通过疏浚开挖形成并维护深水航道。

上海港外高桥港区六期工程是加快实施上海国际航运中心建设，上海港转变经济发展方式，贯彻落实“创新驱动、转型发展”要求的关键项目。该工程的设计以积极推广“新技术、新工艺、新材料、新设备”为基本设计思想，并通过节能型岸边集装箱起重机、E-RTG集装箱作业模式和船用岸电技术的应用，使得工程“节能、低碳、环保”的绿色港口理念得以实现，具有较强的示范作用，推动了港口建设的科技进步。

青岛港董家口港区青岛港集团矿石码头工程是国内第一个按40万吨设计的专业矿石接卸泊位，设计施工中采用了多项创新技术，工程建设引领了大型矿石码头建设的发展方向，为我国今后建设大型专业化矿石泊位积累了宝贵经验，对推动行业技术进步，发挥了示范、引领作用。该工程极大缓解了青岛港矿石接卸能力不足的矛盾，改变了国际矿石运输的格局，确定了青岛港在全球中国际矿石中转港的地位。

长江口深水航道治理一期工程

护底软体排　5816182m²
袋装砂堤心　191808.86m³
反　滤　布　375367m²

一、工程概况

为彻底解决长江口拦门沙滩顶水深不足，打通严重制约长江三角洲及上海经济发展的瓶颈，经国内三代专家学者近50年研究并经国务院批准实施长江口深水航道治理工程。工程分三期进行，目标航道水深分别为8.5m、10.0m和12.5m。

该工程是中华人民共和国成立以来最大的水运基础设施建设项目，工程的总体设计思想是：抓住长江口总体河势相对稳定的有利时机，建设南、北导堤和丁坝等整治建筑物，通过整治工程稳定目前的优良河势，

分流口工程

发挥导流、挡沙、减淤的功能，为深水航道开挖和维护创造良好条件。通过疏浚开挖形成并维护深水航道。

一期工程由长57.77km、水深8.5m航道以及深水航道两侧南北导堤整治建筑物工程组成。

一期工程整治建筑物主要工程结构和规模为：

1. 北导堤结构为袋装砂堤心模袋混凝土压顶钩连块体护面斜坡堤，堤长27.89km（包括老堤修复段、试验段和导堤），过渡段及超前护底软体排2.11km。

2. 南导堤结构为半圆体堤，堤长30km，过渡段及超前护底软体排1.00km，分流口南线堤1.6km和潜堤3.2km。

3. 丁坝10座总长11.19km，主要结构形式为抛石斜坡堤。

4. 主要实物工程量：护底软体排5816182m^2；袋装砂堤心191808.86m^3；反滤布375367m^2；安装半圆体4160个；制安钩连块体308577个；抛填石料168.2万m^3；现浇模袋混凝土72248m^3；预制混凝土和钢筋混凝土58.2万m^3；削角王字块952个；倒T型块111个；灯桩17座。

模型实验

北导堤外观

南导堤半圆体安装成堤

铺排船正在铺排

二、科技创新与新技术应用

1 设计和科研方面：

（1）在近50年来观测研究的基础上，完成了“长江口拦门沙航道演变规律与深水航道整治方案”的研究，为工程立项提供了科学依据，该研究成果获“1999年交通部科学技术一等奖”。在工程实施中，公司继续参与和组织科研单位深化对长江口河势的研究和工程与河势相互作用的现场观测方面取得一系列新的重要成果，为确保河势安全和工程的顺利进行奠定了坚实基础。

（2）从日本引进了力学性能优异、抗波浪能力强、延米造价较低和施工期稳定性好的半圆体结构堤身，结合本工程在设计计算方法和结构设计上又做了较大改进，解决了长江口地基软土层的承载力小的难题，为国家节约了大量工程投资。

（3）研制开发了适用于长江口底质及水流条件的护底软体排结构。堤身建造在该软体排上，开发了软体排土工织物材料新品种，如230g机制布和150g无纺布通过针刺复合工艺制成的380g复合排体布。开发了“土工织物充填砂袋”、“砂肋压载软体排”、“混凝土联锁块压载软体排”等，在一期工程中成功应用，并获国家专利。

横沙半圆体出运码头

分流口

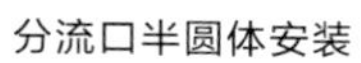

分流口半圆体安装

疏浚船舶正在疏浚

2 施工方面：

（1）在水运工程中首次全面在平面和高程采用全球卫星GPS-RTK定位控制技术。攻克了三维坐标转换及陆—水远程高程传递等技术难题。

（2）应用新型土工织物制作软体排，开发了从材料设计、排体设计、排布加工、专用施工船舶、定位铺设工艺直至质量控制的标准和验评方法在内的护底软体排设计施工成套技术。研发的软体排铺设船为世界首创。软体排铺设工艺和设备获上海市2001年度科技进步一等奖。

（3）开发了座底式大型水下基床抛石整平专用船，大大提高了在恶劣水域条件下整平作业效率，取消了繁重且效率低下的潜水作业，均属世界首创，获得国家专利。

（4）开发了半圆体堤身结构，设计施工全套工艺技术，为国内首创。

（5）开发了无验潮水下地形测量技术，该系统的使用极大地提高了水下地形测量的效率。

（6）开发了双层袋装砂与无纺布倒滤层水上复合施工新技术，提高了效率和工程质量。

（7）研发了一批适应长江口水域的高效、优质、机械化、自动化程度较高的大型专用船机设备，如大型水下抛石整平船、铺排船和袋装砂充灌船。

（8）编制了该工程专项设计标准和工程质量检验评定标准。

（9）多项创新技术现已在洋山港工程、东海大桥工程、杭州湾大桥工程、黄骅港防沙堤工程等推广应用。

全机械化基床抛石整平船

上海港外高桥港区六期工程

开 工 时 间 2009年1月
竣 工 验 收 2011年10月
总 长 度 1538m
总 投 资 45.97亿元

外高桥港区六期工程全景图

一、工程概况

上海港外高桥港区六期工程码头岸线总长度为1538m，建设5个大船泊位，包括1个10万吨级和2个7万吨级集装箱泊位（水工结构均按靠泊15万吨级集装箱船设计），2个5万总吨级汽车滚装泊位；码头下游内侧建设2个长江驳泊位（水工结构均按靠泊5000总吨级汽车滚装船设计），泊位总长度为225m。

水工建筑物包括码头（7个泊位）、引桥（4座）、引堤（4座）和防汛闸门（4座）。码头和引桥均采用高桩梁板结构形式，基桩采用Ø800mmPHC桩。引堤为抛石斜坡堤结构。防汛闸门采用自行式钢闸门。

工程陆域纵深约为1,200m，陆域总面积约为181.9万m^2，其中：堆场面积为80.9万m^2，港区主要道路面积为47.8万m^2，生产及生产辅助建筑面积为50.55万m^2，主要装卸机械为40台（套）。

本工程集装箱设计年吞吐能力为210万TEU，滚装汽车设计年通过能力为73万辆。

工程于2009年1月开工建设，2010年12月竣工，2011年10月通过国家竣工验收，总投资45.97亿元。

二、科技创新与新技术应用

1 总体设计采用全新的现代化港区功能横断面布置模式，布置了经济高效的码头前沿作业区和内港池、堆场区以及第三代港口拓展物流服务的空间。港区采用功能分区的先进设计理念，按照不同服务功能，港区分为集装箱作业区、滚装汽车作业区、物流服务区、管理办公区等，实现了生产区与管理区分离、人流车流分开。本工程建设了3座目前国内最大的多层停车库，节省了土地资源。

2 港区设计引入新一代物流概念，构建了定制化汽车物流增值服务平台，实现了汽车滚装码头、汽车增值服务中心、汽车分拨中心的一体化运营，港口从单一的装卸功能向客户定制化增值服务延伸，具备汽车分拨、零部件配送、一站式增值服务等功能的多元化港口物流服务模式。

外高桥港区六期工程全景图

多层停车库立面

外高桥港区六期工程全景图

集装箱堆场全景图

码头鸟瞰图

汽车VPC检测中心内景

汽车服务中心内景

多层停车库及汽车服务中心外景

3 施工中开发了桩帽快速拼摸技术，解决了受水位影响导致施工时间短的问题；开发了钢筋自动下料软件，提高了工作效率；道路和堆场垫层施工采用了双向高强钢格栅+热焖钢渣+三渣垫层形式，有效防止了地基的不均匀沉降。

4 大型装卸设备中采用节能环保创新技术，研制了我国首台移动式变频、变压岸基船舶供电设备并投入使用，集装箱堆场采用E-RTG节能作业模式，码头采用节能式岸边集装箱起重机等。建筑设计和施工应用了维护结构节能技术，建筑设备节能技术，建立了能耗采集管理系统。

汽车堆场全景图

青岛港董家口港区青岛港集团矿石码头工程

开工时间	2010年3月
竣工验收	2013年7月
陆域总面积	176.35万m^2
总投资	40.8亿元

一、工程概况

工程位于董家口港区规划的矿石作业区，地处青岛市南翼的胶南市辖区、琅琊台湾。建设规模为30万吨级铁矿石接卸泊位（码头水工结构按靠泊40万t散货船设计）和20万吨级铁矿石泊位各一个，并配套建设相应工程。设计年通过能力2900万t。

30万吨级泊位采用开敞式布置，码头长度为510m，平台宽度

全景（一）

为40m。20万吨级泊位布置在北一突堤，码头长度为372m。引桥、西引堤、西护岸与30万吨级码头垂直布置，引桥长度为458m，西引堤和西护岸总长2316m。本工程设三个堆场及一个辅建区，陆域总面积176.35万m^2。

30万吨级泊位上部采用梁板结构，基础采用重力式单排椭圆沉箱结构。20万吨级泊位采用重力式沉箱结构。引桥基础采用高桩墩台结构，上部采用预应力混凝土连续箱梁结构。引堤和护岸采用抛石斜坡堤结构。

工程清洁能源及节能环保系统完善，建有地源热泵空调系统、太阳能供电系统、船舶岸电系统、矿石污水及挡风抑尘墙、除尘系统等设施。

工程于2010年3月15日开工建设，2011年6月30日完工，2013年7月15日通过竣工验收，总投资40.8亿元。

全景（二）

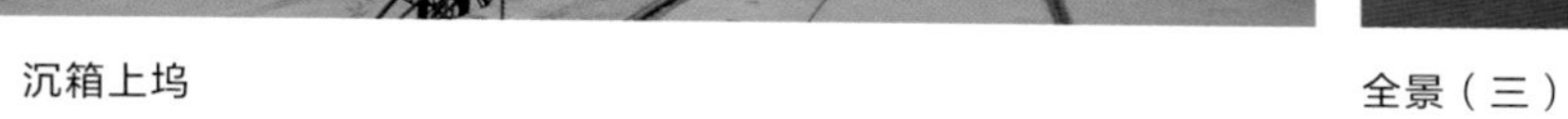

沉箱上坞

全景（三）

二、科技创新与新技术应用

1 码头采用开敞式布置，充分利用了宝贵的深水岸线，合理确定了30万吨级泊位轴线走向和码头前沿线位置，保证安全的同时降低了工程投资。

2 通过码头二层系缆平台加长横缆长度，有效抑制了船舶的横向运动及大大减小缆绳张力，提高了系泊的安全性和装卸作业效率。

3 码头平台采用超大型椭圆形沉箱+预制悬臂梁的结构，不仅大大节省了工期和投资，降低了上部结构施工的难度，同时也增强了码头结构的横向联系，避免了前后轨的不均匀沉降。

4 基床整平采用深水抛石整平船施工工艺，实现了深水抛石基床整平的抛石、整平、检测一体化机械化施工，显著提高了施工质量和效率。

5 国内首次采用6000t大型沉箱液压胶囊台车顶升上坞工艺，解决了大型沉箱出运难题。

6 码头上部大型预制箱梁国内首次采用三维千斤顶精确安装，箱梁安装轴线位置、前沿线、竖向倾斜等各项偏差均控制在5mm内。

海上吊装施工

规划万寿路南延
赛欧集团
M9
M16
规划万寿路南延
M9
M16

20 轨道

城市轨道交通是城市重要的基础设施，从1969年中国第一条地铁——北京地铁1号线开通的23.6km到今天，已有37个城市开通轨道交通198条线，线路总里程约 5816km，对我国城市的经济与社会发展起到了极大的促进作用。

北京地铁9号线作为一条纵贯京城西部南北走向的骨干线，工程针对沿线砂卵石及砾岩地层的特点，系统深入进行了明挖法、矿山法和盾构法三大地下工程施工工法及地层勘察的技术集成与提升，特别是富含大粒径漂石地层中采用盾构施工，在盾构机面板类型和开口率、刀具配置、渣土改良、刀具检查更换、大粒径漂石处理等方面均有所创新和突破，推动和丰富了富含大粒径漂石地层盾构机制造、施工等技术的发展，为我国地铁工程建设提供了技术支撑和示范作用。

上海市轨道交通11号线是上海市轨道交通网络中的市域线，呈“Y”型平面分布，主线起于嘉定北站、支线起于江苏省昆山市花桥站、接轨于嘉定新城站，线路终于浦东新区迪士尼站。线路总长82.38km，是城市轨道交通首个跨省运营且单线里程最长的线路。工程针对跨省长大线路带来的运营与建设管理模式、车站设计、地下区间、综合开发、高架桥梁等建设难题进行了系统的科学研究，在新理念、新系统、新技术、新工艺、新设备等方面形成了技术创新体系。

深圳地铁5号线地铁建设与周边用地、地下空间综合开发效果显著，新提供（节约）城市建设用地超过32公顷，实现了地铁功能、物业开发、环境友好的“三位统一”。形成了盾构在海积淤泥（填石）地层、上软下硬、孤石、硬岩等复杂地层中的成套施工技术，并攻克了在城市中心区小净距斜穿高速铁路、长距离盾构空推、下穿建筑物沉降控制等技术难题。

北京地铁9号线

开工时间 2008年1月18日
竣工时间 2011年12月23日、2012年12月28日
全　　长 16.5km
总 投 资 129.35亿元

地铁9号线车站全景效果图

一、工程概况

北京地铁9号线作为一条纵贯京城西部南北走向的骨干线，全长16.5km，主要经过丰台科技园、六里桥客运交通枢纽、北京西客站、中华世纪坛、玉渊潭公园以及国家图书馆等重要区域。沿途与地铁4号线、1号线、6号线、10号线、房山线等9条地铁线连通，实现交叉换乘。

全线均为地下线，包含车站、区间、车辆段及轨道、车辆、通信、信号、供电、无障碍设施、消防、屏蔽门、电梯、通风空调、自动售检票、综合监控等系统。

九号线全线位于永定河冲洪积扇的西部，线路穿越的地层主要为卵石层、砾岩层及其交汇层，地层间富含大粒径、高强度、不规则分布的卵漂石，给采用盾构、暗挖、明挖等工法的工程施工带来了极大困难，施工难度国内外罕见。同时，地铁需下穿3项特级风险源、47项一级风险源，施工过程中克服了上述种种困难的叠加影响，创造了多项施工先进技术。

工程于2008年1月18日开工建设，2011年12月23日和2012年12月28日分段竣工，总投资129.35亿元。

北
赛欧集团
规划万寿路南延
M9
M16
换乘流线示意

二、科技创新与新技术应用

1　富含大粒径漂石地层中采用盾构施工，在盾构机面板类型和开口率、刀具配置、渣土改良、刀具检查更换、大粒径漂石处理等方面均有所创新和突破，推动和丰富了我国乃至国际富含大粒径漂石地层盾构机制造、施工等技术的发展，达到了国际领先水平。

2　针对9号线工程砂卵石及砾岩地层的特点，以安全、高效、技术先进、经济合理为核心，围绕勘察、土建施工的关键技术环节，系统深入进行了明挖法、矿山法和盾构法三大工法及地层勘察的技术集成与提升，实现地铁施工技术的创新与突破，为北京和我国地铁工程发展提供了技术支撑和技术示范。

3　国内首次采用了装配式铺盖体系，在铺盖体系设计、铺盖装置制造、快速安装和拆除等方面进行了探索，取得了技术突破。

4　本线建设在车站与周边土地开发一体化设计、车站与枢纽结合以及车辆基地上盖开发设计为北京地铁一体化设计中开创了先例，为后期地铁工程一体化规划、设计和建设积累了宝贵的经验，探索并总结出一整套可行的决策和操作程序。

5　本工程为北京市轨道交通首条节能示范线，在再生制动能量回馈技术、通风空调变频技术、节能坡设计等节能技术和措施应用等方面，取得了显著的效果。

车站成型道床

矿山法区间衬砌施工图

适用于大粒径漂石复合地层的大功率盾构机

区间盾构成型隧道

六里桥站圆形换乘大厅

运用库内轻量化机车

郭公庄车辆段外景

车站电扶梯内景

车站内部装修

上海市轨道交通11号线工程

开工时间 2007年3月
竣工时间 2015年12月
线路总长 82.38km
总投资 372.05亿元

一、工程概况

上海市轨道交通11号线是上海市轨道交通网络中4条市域线路之一，呈“Y”形平面分布，主线起于嘉定北站、支线起于江苏省昆山市花桥站、接轨于嘉定新城站，线路终于浦东新区迪士尼站。线路总长82.38km，其中地下线42.10km，地上线40.28km，设车站40座、车辆基地3处、设控制中心1处、设110/35kV地面及地下主变电所各一处。

工程针对跨省长大线路带来的运营与建设管理模式、车站设计、地下区间、综合开发、高架桥梁等建设难题进行了系统的科学研究，在新理念、新系统、新技术、新工艺、新设备等方面形成了技术创新并应用于工程实践，成果经中国科学院上海科技查新咨询中心鉴定，总体水平达到国际先进。

工程于2007年3月开工建设，2015年12月竣工，总投资372.05亿元。

全景（一）

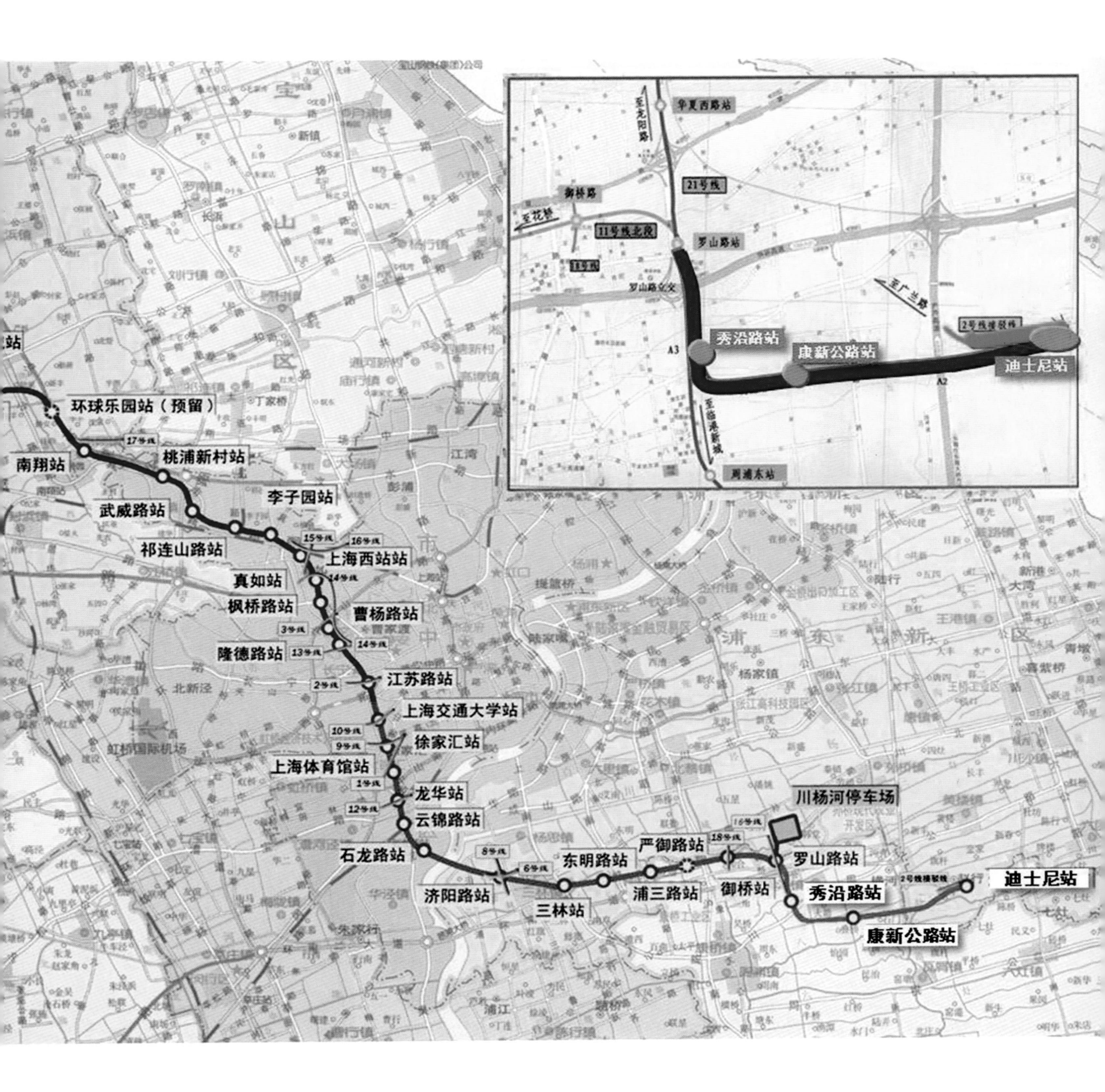

环球乐园站（预留）
南翔站
桃浦新村站
武威路站
李子园站
祁连山路站
上海西站站
真如站
枫桥路站
曹杨路站
隆德路站
江苏路站
上海交通大学站
徐家汇站
上海体育馆站
龙华站
云锦路站
石龙路站
济阳路站
三林站
东明路站
浦三路站
严御路站
御桥站
罗山路站
秀沿路站
康新公路站
迪士尼站
川杨河停车场
华夏西路站
罗山路站
21号线
11号线北段
至花桥
御桥路
罗山路立交
至广兰路
2号线接驳线
至临港新城
周浦东站

全景（二）

二、科技创新与新技术应用

1 首次在国内市域轨道交通中采用主支线贯通及多交路分段运营组织技术，研发最高运行时速100km的接触网供电A型车，实现长大距离跨省轨道交通运营，单线里程数创世界之最。

2 首次建立了跨省级行政区轨道交通项目规划设计、建设、运营及投资管理模式，实现了上海市与江苏省轨道交通的互联互通，有力推动了长三角交通与经济一体化。

3 首创利用既有地下空间建设轨道交通枢纽的成套设计与施工技术：既有地下空间改造建设地铁车站设计施工技术，低净空地下空间内暗挖加层技术，软土地质条件下微扰动旋喷桩加固技术，为今后既有地下空间改造建设轨道交通车站提供强有力的技术支持，节约城市土地资源。

4 首创穿越千年砖木斜塔的盾构微扰动成套技术，发明了高承压含水区盾构进出洞抗风险装置及超缓凝韧性封堵材料，实现推进过程中古塔沉降毫米级控制，提升了城市轨道交通穿越历史建筑的施工技术。

5 首创敞开类轨道交通地下车站新型式，研发了成套全息纳米智能隔断技术，有效解决了爆发性大客流有序组织集散的难题，具有良好的节能效果，为后续轨交车站探索新的方法、技术和手段。

6 面对线路跨越沪宁高速公路的难题，研发了大吨位钢球铰轨道交通节点平转法桥梁设计施工技术，创造了国内轨道交通平转桥段长度和重量之最。

7 首创“高架车站垂直开发、地下车站平面拓展”的点线面多维度连接方式，形成了轨道交通与周边地块一体化开发规划建设实施及预留技术，实现了沿线80万m^2的立体化轨道交通城市综合体开发。

8 首次建立光伏系统与轨道交通停车库相结合的设计与施工技术，研发了35kV非晶合金干式变压器和正弦交流电同步汇网技术，建成10MW光伏发电示范项目，为同类型项目提供强有力的技术支撑。

全景（三）

Y字形分叉

上海赛车场

徐汇区地下通道

转体施工法

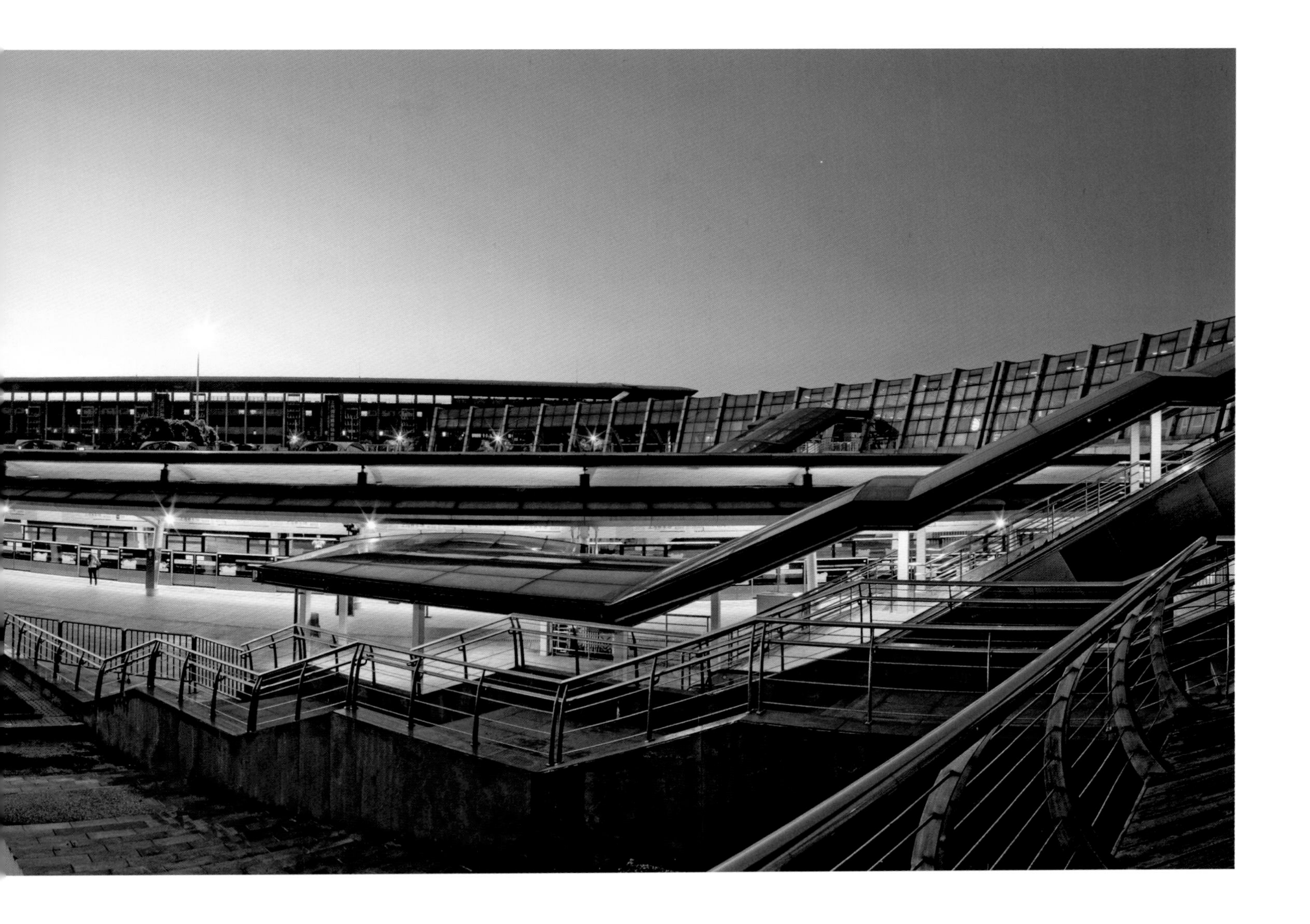

光伏发电

TOD 带动周边发展

花桥收费站

龙华寺

深圳地铁5号线

开工时间 2007年12月
竣工时间 2011年5月
全　　长 40.001km
总 投 资 约200.6亿元

一、工程概况

深圳地铁5号线西起前海湾，东止黄贝岭，穿越宝安、南山、龙岗、罗湖四区，全长40.001km，其中地下线路35.942km，高架线路3.283km，过渡段0.776km；设车站27座，其中高架站2座，地下站25座。设塘朗车辆段、上水径停车场各一处，西丽主变电所1座；采用“投融资—设计施工总承包—回报”的BT模式，是国内城市轨道交通建设中一次建成单条线路最长的地铁工程。

塘朗车辆段及上盖物业全景

车站工程：高架站结构采用“站桥合一”的形式，基础采用钻孔灌注桩基础，主体结构采用钢筋混凝土框架结构，顶层屋面结构采用轻型钢网架结构或门式刚架结构体系；地下站采用了明挖法、半盖挖法、盖挖法和暗挖法，围护结构主要采用钻孔灌注桩+旋喷桩和地下连续墙，采用结构自防水+全外包防水。

区间隧道：盾构隧道采用直径6250mm的复合式土压平衡盾构机掘进，盾构管片设计外径6m，采用C50防水混凝土，抗渗等级≥P10，管片迎土面设防水、防腐涂层，接缝设密封垫。矿山法隧道采用全断面法、台阶法、CD工法、CRD工法、偏洞法、中洞法和双侧壁导坑法，辅助工法采用超前小导管注浆、全断面帷幕注浆加固、地表深孔注浆加固、大管棚等；矿山法隧道二衬采用300mm厚钢筋混凝土结构，在初支和二衬之间设全包防水层。

工程于2007年12月开工建设，2011年5月竣工，2011年6月开通试运营，总投资约200.6亿元。

高架车站和区间

二、科技创新与新技术应用

1 全国首次全线成功实施地铁建设BT模式，在地铁建设中对BT模式下的投融资、设计施工一体化管理等进行了诸多探索与实践，极大提升了建设管理效率和效益，带动了国内地铁建设模式的多元化拓展。

2 地铁建设与周边用地、地下空间综合开发效果显著，新提供（节约）城市建设用地超过32hm^2，实现了地铁功能、物业开发、环境友好的“三位统一”。

3 海积淤泥地层深基坑成套施工技术：形成了深基坑在深厚填石、淤泥的海积地层施工中对淤泥锁定、基坑稳定、变形控制等成套技术，为前海自贸区内工程建设提供了借鉴。

4 首次全面开展了深圳地区特有地层条件下盾构施工技术研究，形成了盾构在海积淤泥（填石）地层、上软下硬、孤石、硬岩等复杂地层中的成套施工技术，并攻克了小净距斜穿高速铁路、长距离盾构空推、下穿建筑物沉降控制等技术难题。

前海湾站

5 设备管线综合设计技术：首次在深圳地铁采用综合支吊架系统，不设吊顶；车站各种设备管线统筹考虑，进一步节省了车站空间，车站内部景观得到了改善，并为运营以后的设备管线维修更换提供了更好的操作空间。

6 首次提出了列车动载偏压荷载作用下基坑围护结构荷载和位移模式，提出了针对性的基坑支护设计和施工技术，确保了基坑和运营铁路安全，研究成果达到国际先进水平。

7 自主创新地铁建设工程系统化管理技术及信息化技术，实现施工全过程数字化管理，其中工程项目管理子系统为国内首次。

8 首次提出适合深圳地区的岩石分类理论和富水复合地层浅埋暗挖地铁隧道施工沉降规律，研究应用了小净距上下重叠隧道、区间风道洞室群等施工沉降控制技术，保证了工程优质、安全和高效建成。

布心站

二、科技创新与新技术应用

1 自主创新的快速公交（BRT）“快速通道＋灵活线路”的系统设计技术和运营组织模式及其关键技术达到国际领先水平，被业界称为中国原创的“广州模式”。

2 专用通道运力最高达每小时2.7万人次，日均流量达85万人次，突破了公交专用通道使用效率低的关键问题，是目前国内已建BRT客流平均客流的四倍以上，是国内目前唯一达到快速公交系统分级一级标准。

3 创新研发了BRT设计与建设的标准化、模块化、装配化的技术，形成行业规范3部、专利18项，提高了项目工程建设质量。该项目创新同向多站台自适应换乘的高效服务设计，实现了乘客灵活换乘，通过系统组织，专用道和车辆载客率大幅度提升，超过传统模式两倍。

岗顶站

岗顶站——站台内部

岗顶站外部环境

4 实现了BRT与地铁站厅的物理整合，做到统筹建设。同时整合道路断面改造、车站、过街设施、市政管线改造，地面交通组织，交叉口交通工程优先信息设置，以及衔接道路交通组织优化。

5 以较小投资实现了日均客流大幅度增长，公交运行速度由11km/h上升到23km/h。同时改变大众出行观念，释放道路资源，社会小汽车整体提速30%，降低乘客出行成本（4.9元下降为2.9元）。减少公交出行时间（平均30min）和候车时间，改变市民出行方式。年节能减排8.6万t CO_2，对改善城市大气环境质量有显著作用。其创新技术已成为推广到国内外的19个城市。

6 创立专用快速公交车较精确定位，联合车协同调度多项技术，实现了BRT智能运营调度，改革了BRT运营管理模式。实现了统一调度、多家运营，后台清分。

莱福·广武酒店
广州新赛格电子城
莱福·广武酒店
KFC

闸机与售检票

东圃站——平面过街进出站

2011年“可持续交通奖”

站台感应式伸缩踏步

BRT与自行车系统整合

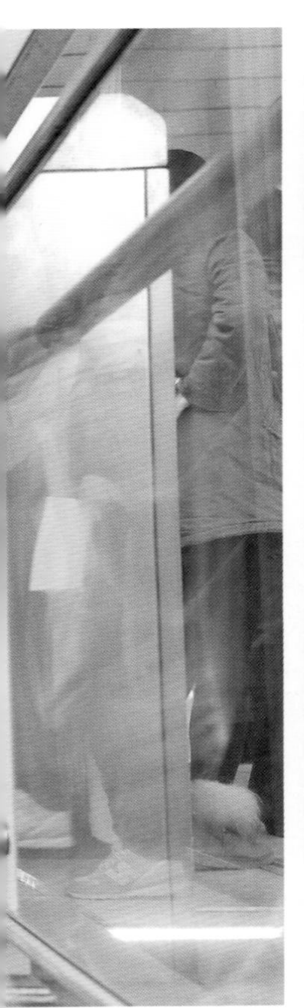

联合国“应对气候变化灯塔奖”

20 住宅

住宅建设与社会经济发展关系密切，与百姓生活息息相关，事关国家和谐稳定与人民幸福安居。中国土木工程詹天佑奖（住宅工程）突出了设计新理念、建造新模式、工艺新技术，体现了住宅建设适用性强、耐久性好、舒适度高、质量优秀，提升了人居环境，满足人们日益增长的需求。

北京中信城大吉危改项目主要体现在旧城改造方面，项目所在地曾经是宣南文化的发源地，项目的建设在延续地块历史文化风貌，有效改善了整个地区的城市功能和面貌。改造后，保留粉房琉璃街及其两侧四合院20余处，保留故居文物9处，并将其纳入园林景观体系；在原址上保护百年古树16棵，原生数木百余棵，最大限度维护了区域内生物物种的历史延续。

天津历史风貌街区保护与利用项目主要体现在历史街区保护方面，项目将历史建筑和街区融入当代生活并为当代生活助力、持续发展做出贡献。在历史建筑保护上采用了如微损防潮层化学修复方法、碳素纤维布和专用结构胶建筑构件进行加固处理及“火眼”视频图像火灾探测系统等多项新技术、新工艺。相关技术获得国家发明专利。同时建立健全了历史建筑的保护和利用相关政策系统。

上海市大型居住社区周康航拓展基地C-04-01地块动迁安置房项目主要体现在工业化建造方面，一是国内首创PCTF装配式体系。二是国内首创高层建筑无外脚手架施工技术。三是国内首创预制剪力墙螺栓连接技术。该项目共承载国家和省部级课题6项，获上海市科技进步一等奖1项、国家发明专利授权6项、实用新型专利授权18项和上海市级工法2项。依托项目实施，上海建工参编国家行业标准1项，上海地方标准5项，并被住房城乡建设部列为装配式建筑科技示范项目，接受国内外参观考察逾1万人次。创建了上海首家由市人力资源和社会保障局认可的产业化工人培训基地和颁证机构。

北京中信城（大吉危改项目）

开工时间 2008年5月
竣工时间 2011年6月
占地面积 43.65万m^2
总投资 61亿元

一、工程概况

该项目位于北京市西城区两广大街与菜市口南大街交叉口东南角，是北京中心城区最大的旧城改造重点项目。项目规划占地面积43.65万m^2，地上总建筑面积125.15万m^2，其中居住区总建筑面积75.15万m^2，市区级公建面积50.0万m^2。

中信锦园（大吉危改项目1号地块）位于整个项目的西南角，用地面积4.37万m^2，其中建设用地面积3.797万m^2，道路面积0.573万m^2。总建筑面积244727m^2（不包括文物古建），其中地上建筑面积148337m^2，地下建筑面积96390m^2。住宅地上建筑面积137828m^2，公建地上建筑面积10509m^2。

中信沁园（大吉危改项目2号地块）位于1号地块的北侧，用地面积5.526万m^2，其中建设用地面积4.027万m^2，道路面积1.499万m^2。总建筑面积220782m^2，其中地上建筑面积161901m^2，地下建筑面积58881m^2。住宅地上建筑面积140224m^2，公建地上建筑面积21677m^2。

工程于2008年5月开工建设，2011年6月竣工，总投资61亿元。

中信沁园

沁园全景图

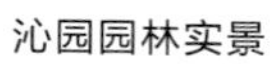

沁园园林实景

景园园林

二、科技创新与新技术应用

1 该项目是北京中心城区最大的旧城改造重点项目，涉及万户居民的区域改造地块,超过80%的房屋鉴定为危房，每逢雨季或冬季，老百姓的生命财产均受到严重威胁。作为央企的中信地产勇于承担起此片危房改造的历史重任，在项目改造过程中，始终坚持公开、公正、公平的原则，和原有住户进行协商，采用现金或定向安置房的方式供选择直至满意为止。截至2013年，90%以上的原住户已经得到妥善安置，住房条件得到改善。

2 该项目所在地块是宣南会馆文化的发源地，在项目规划和建设中充分考虑文化传承、百姓安居等诸多方面因素，按照危旧房改造与历史风貌保护相结合的原则，汲取国内外文物保护的先进经验，完整保留了粉房琉璃街及两侧20余处四合院；保留了南海会馆（康有为故居）、梁启超故居、李万春故居等9处文化古建，并将其有机地纳入园林景观系统。

3 中信锦园用地内有三处重点文物保护单位：潮州会馆、关帝庙（潘祖荫祠）、会同四译馆，经过文物部门批准，对此三处文物在地块内就近进行抢救性迁建，在地块西南角建成了一个颇具特色的古建文化广场。

4 该项目地块内有许多古树名木，在项目总体规划前，对地块内包括16棵百年以上挂牌古树和其他有保护价值的大树进行了详细的坐标定位，通过科学的分区规划了2.95公顷的城市集中绿地，对16棵挂牌古树进行了原址保护，最大限度地保持了区域内本地生物物种的历史延续。

5 该项目地下室开挖深度为14.7m，基坑开挖面积3万多m^2，由于周边施工场地局促，基坑开挖采取了土钉墙和预应力锚杆相结合的复合支护形式，充分复合了土钉墙支护和预应力锚杆支护各自的优势，节约了工程造价，加快了施工进度。

6 地下车库楼（顶）板位置应用现浇空心楼盖结构技术，将BDF空心箱模按照设计埋置于现浇混凝土楼板中，达到减轻结构自重，减少地震作用，增大建筑净高，改善楼板的隔音、隔热性能，把现浇实心楼板整体性好和预制空心楼板自重轻、跨度大等优点巧妙地结合到一起。

7 在大面积围合种植地下室顶板防排水、屋顶绿化、新型自粘防水卷材、渗水路面与雨水利用、施工环境保护等施工新技术领域做出有效尝试。

潮州会馆

古树保护

关帝庙

改造前旧貌

天津历史风貌街区保护与利用

住宅建筑 675幢

一、工程概况

天津的历史风貌建筑是天津社会和城市发展的历史见证。1860年鸦片战争后，先后有9个国家在天津设立租界。大规模的租界建设，使得西方建筑文化和技术涌入天津，天津的建筑从中国传统形式走向了中西荟萃，百花齐放，有“万国建筑博物馆”之称。

由于建造年代久远，又历经百年沧桑加之人为因素，天津的历史风貌建筑普遍存在不同程度的损坏，亟待加固整修。保护好它们具有重要的意义。

2006年，天津市城市总体规划确定历史城区保护范围，并划定14片历史文化街区，加强名城保护。2012年，五大道等14片历史风貌街区保护规划获得天津市政府批复。至2015年，天津共认定877幢历史风貌建筑，其中住宅建筑675幢。在14片历史风貌街区中，包括6片社区生活型街区，其中以五大道风貌街区和意大利风貌街区最具代表性。

项目以位于天津市和平区的五大道风貌街区和位于河北区的意大利风貌街区作为主要案例，从规划设计、建筑单体、街区环境、课题研究及修缮技术等方面，集中展示了天津对历史风貌街区和建筑的保护与利用工作，使这些具有宝贵价值的历史风貌街区和建筑承续了其历史与文化，并使之融入当代的生活并为当代生活助力、接续发展。

整修后的先农大院全景

鸟瞰冬日的五大道历史文化街区

马可波罗广场全景

意大利历史文化街区全景

二、科技创新与新技术应用

1 保护工作及时有效。天津历史风貌街区是天津市宝贵的历史文化遗产。历史风貌街区的历史风貌建筑无论从数量还是类型上，在天津乃至中国近现代建筑史中都占据重要位置。由于年代久远、保护修缮不利等原因，大部分历史建筑改变了原来的设计用途，结构整体超龄、超负荷使用，安全系数、使用功能逐年降低，存在严重的安全隐患，部分建筑已是危房；由于历史的原因，街区内搭建较多违章建筑，破坏了整体环境。如何承续历史，让历史建筑和街区融入当代的生活并为当代生活助力、持续发展，是当今的重要责任。

整修后的山益里街区

2 基础理论研究扎实。对历史风貌建筑的修缮加固是历史风貌街区保护利用的重点，天津市国土资源和房屋管理局、天津市历史风貌建筑整理有限责任公司等单位开展了对消防、结构防震体系以及历史建筑保护、历史建筑风格的研究，研究成果获得国家级、天津市多项奖项。

3 新旧技术有机结合。利用传统技术和国内外先进技术（其中“微损防潮层化学修复方法”已获得国家专利批复）对基础、墙体、木结构、外檐、室内装饰及机电、消防系统进行修复加固，做到修旧如故，保护了原有风貌。其中对百年以上历史建筑修缮加固的技术具有创新性。

4 建筑保护利用合理。保护整修后的街区及建筑，有的成为历史文化展示场所，有的成为爱国主义教育基地和科研基地，更多的是恢复或保留了原有的功能，大部分居住建筑解决了功能不全、安全性能差的问题，成为人们继续生活的场所，也成为体现天津历史和多元文化特色的城市名片，为社会经济发展注入了新的活力。

5 天津市历史风貌街区保护与利用，既有理论研究又有卓有成效的实际运作，对我国历史文化名城的保护具有现实启示意义，对其他历史文化名城保护也有借鉴作用。

微损防潮层化学修复施工

整修后的张学铭旧居

整修后的庆王府主楼正门

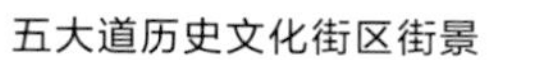

五大道历史文化街区街景

静园主楼全景

整修后的先农大院街区

庆王府主楼全景

上海市大型居住社区周康航拓展基地C-04-01地块动迁安置房项目

开工时间　2014年12月

竣工时间　2017年4月

总用地　2.45hm^2

总投资　5亿元

上海市大型居住社区周康航拓展基地C-04-01地块动迁安置房项目全景

一、工程概况

上海市大型居住社区周康航拓展基地C-04-01地块动迁安置房项目位于浦东新区周浦镇，是上海建工发挥全产业链优势，自行投资建设的住宅建筑预制装配式项目。总用地2.45hm^2，总建筑面积6.02万m^2，其中住宅建筑面积4.88万m^2，容积率2.0，绿化率35%，由6栋13～18层装配式高层住宅建筑及公共配套设施组成，共有住宅588套，设有机动车停车位306个，其中地上146个，地下160个。

项目规划设计考虑场地风环境及日照要求，合理布置住宅建筑及配套设施。住宅设计充分考虑使用空间的适宜和功能空间的完整性，套型建筑面积经济合理（48～96m^2），适应性强。

项目于2014年12月开工建设，于2017年4月竣工，总投资5亿元。

上海市大型居住社区周康航拓展基地C-04-01地块动迁安置房项目无脚手架施工现场

项目南立面实景

二、科技创新与新技术应用

1 项目采用上海建工自主研发的长效节能装配式建筑体系，并经上海市科技委鉴定通过。该体系与传统预制装配式体系相比，具有以下创新成果：

（1）国内首创PCTF体系。该体系采用预制叠合保温外挂墙板技术，实现夹心无机保温与结构同寿命。门窗与外墙在工厂预制同步完成，外墙预制板连接采用三道防水工艺，杜绝了住宅外墙渗漏的通病。

（2）国内首创高层住宅无脚手架施工技术。该技术取消了传统施工中的外脚手，实现了无外模板、无外粉刷施工，绿化、道路等室外工程可与主体结构同步施工，成为真正意义上的花园式工地。

（3）国内首创剪力墙螺栓连接技术。安全可靠、安装快捷、易于检测，并获得国家发明专利。

2 对住宅建筑工业化建造的引领作用。作为上海市首个整街坊预制装配式小区，该项目在国家和地方政策全面推行之前，主动探索、率先实施，承载了国家和省部级科研课题6项，其中“高层住宅装配整体式混凝土结构工程关键技术及应用”获上海市科技进步一等奖。形成了装配式建筑国家标准1项，上海市地方标准5项，国家发明专利授权10项，实用新型专利授权18项。创建了上海首家由市人力资源和社会保障局认可的产业化工人培训基地和颁证机构。

项目航拍实景（一）

项目航拍实景（二）

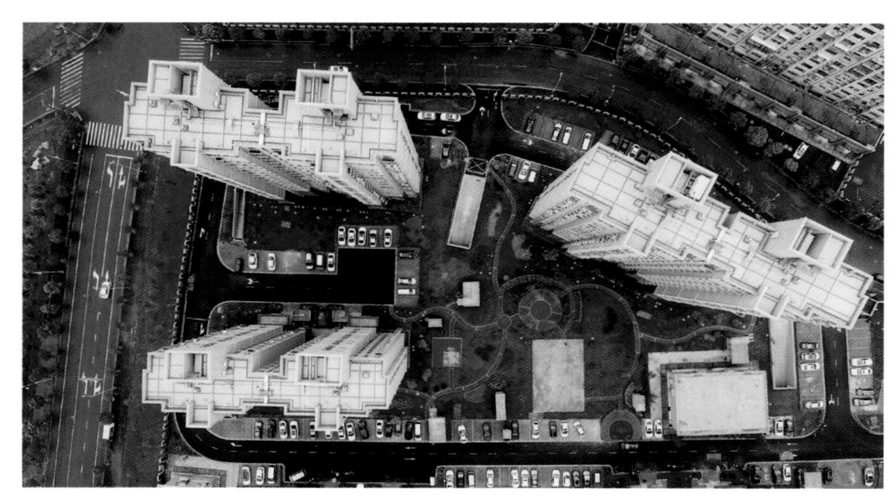
项目航拍实景（三）

项目景观实景

20 历届中国土木工程詹天佑奖获奖工程名单

第一届中国土木工程詹天佑奖获奖工程名单

1. 广东国际大厦
2. 上海华亭宾馆
3. 北京飞机维修工程有限公司四机位机库
4. 上海东方明珠广播电视塔
5. 九江长江大桥
6. 105国道广州番禺洛溪大桥
7. 贵州省江界河大桥
8. 上海杨浦大桥
9. 首都机场高速公路四元立交桥
10. 杭州钱塘江二桥的基础工程
11. 京九铁路阜阳枢纽工程
12. 京九铁路吉安至安南段工程
13. 京九铁路五指山隧道
14. 上海市地铁一号线
15. 京津塘高速公路
16. 沪宁高速公路（江苏段）
17. 大连港大窑湾港区一期前四个泊位工程
18. 宁波港北仑港区二十万吨级矿石中转码头工程
19. 北京市高碑店污水处理厂一期工程
20. 西安市黑河引水工程曲江水厂
21. 香港三号干线工程

第二届中国土木工程詹天佑奖获奖工程名单

1. 上海金茂大厦
2. 香港国际机场
3. 北京国际金融大厦
4. 上海体育场
5. 重庆大都会广场工程
6. 虎门大桥
7. 南昆铁路清水河大桥
8. 万县长江公路大桥
9. 上海市南北高架道路工程
10. 广深铁路准高速双线电气化工程
11. 北京地铁天安门东站至西站工程
12. 八达岭高速公路（二期）
13. 交通部公路交通试验场
14. 澳门机场人工岛场道工程
15. 长春至吉林高速公路
16. 天津港东突堤码头及堆场工程
17. 上海港外高桥港区二期工程
18. 北京第九水厂二、三期工程
19. 上海市合流污水治理一期工程

第三届中国土木工程詹天佑奖获奖工程名单

1. 北京植物园大型展览温室工程
2. 北京东方广场工程
3. 河南南阳鸭河口电厂储煤库工程
4. 上海科技馆
5. 北京中国银行总部大厦
6. 江阴长江公路大桥
7. 芜湖长江大桥
8. 南京长江第二大桥
9. 香港红磡绕道与公主道连接路工程
10. 朔黄铁路神池至西柏坡段综合工程
11. 西安安康铁路秦岭Ⅰ线隧道
12. 广渝高速公路华蓥山隧道
13. 国道227线大坂山隧道
14. 京沈高速公路绥中至沈阳段
15. 北京市四环路工程
16. 新疆渭干河克孜尔水库
17. 辽宁省观音阁水库
18. 大连中远6万吨级船坞工程
19. 广州港新沙港区一期工程6-10#泊位
20. 北京市酒仙桥污水处理厂（一期）
21. 湖州市东白鱼潭小区
22. 佛山市丽日豪庭小区

第四届中国土木工程詹天佑奖获奖工程名单

1. 上海中银大厦
2. 山西永济鹳雀楼工程
3. 武汉体育中心体育场
4. 贵州水柏铁路北盘江大桥
5. 宜昌夷陵长江大桥
6. 武汉军山长江公路大桥
7. 哈尔滨至大连铁路电气化改造工程
8. 川藏公路二郎山隧道工程
9. 广州地铁二号线越秀公园至三元里段工程
10. 宁波常洪隧道工程
11. 连云港至徐州高速公路
12. 上海大众试车场工程
13. 京珠国道湘（潭）耒（阳）高速公路
14. 西安绕城高速公路（北段）
15. 长江口深水航道治理一期工程
16. 烟台港三期工程
17. 上海市污水治理二期工程
18. 广州岭南花园住宅小区
19. 天津蓝水假期住宅小区（一期）

第五届中国土木工程詹天佑奖获奖工程名单

1. 广州白云国际机场
2. 广州国际会议展览中心
3. 天津博物馆
4. 香港国际金融中心二期
5. 深圳福建兴业银行大厦
6. 天津泰达足球场
7. 南宁国际会议展览中心
8. 上海卢浦大桥
9. 岳阳洞庭湖大桥
10. 湖北宜昌长江公路大桥
11. 内昆铁路花土坡特大桥
12. 上海大连路越江隧道
13. 内昆铁路曾家坪1号隧道
14. 重庆轻轨较新线临江门车站
15. 湖南临湘至长沙高速公路
16. 上海国际赛车场工程
17. 四川川主寺至九寨沟口公路改建工程
18. 青岛港前湾港区三期前四个泊位工程
19. 京杭运河济宁至徐州续建工程济宁至台儿庄段
20. 东深供水改造工程
21. 上海爱建园住宅小区
22. 天津万科水晶城住宅小区一期

第六届中国土木工程詹天佑奖获奖工程名单

1. 首都博物馆新馆
2. 上海明天广场
3. 广东电信广场
4. 北京天文馆新馆
5. 哈尔滨国际会展体育中心主馆
6. 广东省中医院新门诊住院综合大楼
7. 重庆袁家岗体育中心体育场
8. 贵州纳雍电厂（4×300MW）新建工程
9. 中共中央组织部办公楼
10. 香港竹篙湾迪士尼基建工程（一、二期）
11. 江苏润扬长江公路大桥
12. 杭州市复兴大桥（钱江四桥）
13. 广州丫髻沙大桥主桥
14. 上海市沪闵路高架道路二期工程
15. 广东省西部沿海高速公路崖门大桥
16. 山东省胶州至新沂新建铁路工程
17. 山西新原高速公路雁门关隧道
18. 西安至南京铁路东秦岭隧道
19. 南京地铁南北线一期鼓楼至玄武门区间隧道工程
20. 沪瑞国道主干线宜兴至溧水高速公路

21. 北京市五环路
22. 四川二滩水电站
23. 大连港大窑湾港区一期后六个泊位工程
24. 三峡双线五级船闸
25. 上海太浦河泵站
26. 广州万科四季花城住宅小区（一、二期）
27. 武汉绿景苑住宅小区
28. 上海市石洞口城市污水处理厂工程

第七届中国土木工程詹天佑奖获奖工程名单

1. 上海旗忠森林体育城网球中心
2. 郑州国际会展中心
3. 深圳罗湖地铁枢纽工程
4. 四川启明星铝业公司电解铝工程
5. 江苏南通体育会展中心体育场
6. 北京启明星辰大厦
7. 中国美术学院校园整体改造工程
8. 广州大学城建设项目
9. 重庆大学主教学楼
10. 北京中山公园音乐堂改扩建工程
11. 广东省档案馆新馆
12. 南京长江第三大桥
13. 厦门海沧大桥
14. 青藏铁路拉萨河大桥
15. 青藏铁路风火山隧道
16. 北京地铁八通线工程
17. 朔黄铁路肃宁至黄骅港段增建二线工程
18. 深圳地铁一期国贸至老街区间隧道及桩基托换工程
19. 上海中环线北虹路地道工程
20. 南京九华山隧道
21. 沈阳至大连高速公路改扩建工程
22. 江苏沿江高速公路常州至太仓段工程
23. 湖北省襄樊至十堰高速公路
24. 山西省祁县至临汾高速公路
25. 淮河入海水道近期工程
26. 深圳盐田港区三期工程
27. 大连港矿石专用码头工程
28. 上海苏堤春晓名苑住宅小区
29. 天津五一阳光皓日园住宅小区

第八届中国土木工程詹天佑奖获奖工程名单

1. 首都机场3号航站楼
2. 奥运工程10项：国家体育场（鸟巢），国家游泳中心（水立方），国家体育馆，北京奥林匹克国家会议中心击剑馆，北京奥林匹克篮球馆，北京工业大学体育馆，北京奥林匹克射击馆，北京奥林匹克老山自行车馆，北京奥林匹克顺义水上公园，北京奥林匹克公园B区奥运村

3. 国家大剧院
4. 东方电气集团出海口基地建设项目
5. 沈阳奥林匹克体育中心五里河体育场
6. 北京中关村金融中心
7. 天津泰达市民文化广场
8. 浙江电力生产调度大楼
9. 广州白云国际会议中心
10. 广州新光大桥
11. 渝怀铁路长寿长江大桥
12. 上海共和新路高架道路工程
13. 青藏铁路格尔木至拉萨段轨道工程
14. 大秦铁路2亿吨扩能工程
15. 烟大铁路轮渡工程
16. 浙赣铁路电气化提速改造工程
17. 渝怀铁路圆梁山隧道
18. 北京地铁五号线
19. 重庆轻轨较新线较场口至动物园段
20. 江苏宿迁至淮安高速公路
21. 贵州乌江洪家渡水电站
22. 青海黄河公伯峡水电站
23. 安徽临淮岗洪水控制工程
24. 上海长江口深水航道治理二期工程
25. 上海港外高桥港区四、五期工程
26. 上海国际航运中心洋山深水港区二期工程
27. 广州兴丰生活垃圾卫生填埋场
28. 安徽合肥天然气利用工程
29. 广东中山万科城市风景花园住宅小区（一、二、三期）
30. 安徽马鞍山西湖花园住宅小区
31. 四川九寨黄龙机场

第九届中国土木工程詹天佑奖获奖工程名单

1. 北京电视中心
2. 北京飞机维修工程有限公司A380机库工程
3. 北京新保利大厦
4. 中国电影博物馆
5. 青岛国际帆船中心
6. 天津奥林匹克中心体育场
7. 广州维多利广场
8. 武汉体育中心体育馆
9. 河南艺术中心
10. 国家工商行政管理总局行政学院
11. 胶济铁路青岛客站改造工程
12. 上海铁路南站
13. 重庆长江大桥复线桥
14. 北京丰北路（三环路～四环路）改扩建工程
15. 重庆菜园坝长江大桥
16. 北京至天津城际轨道交通工程（含北京南站改扩建工程）
17. 合肥至南京铁路（含襄滁河大桥）
18. 遂渝铁路无砟轨道综合试验段
19. 成都北编组站工程
20. 渝湛国道主干线高桥（粤桂界）至遂溪高速公路
21. 苏州绕城高速公路（西南段）
22. 黄河小浪底水利枢纽
23. 湖北清江水布垭水电站
24. 上海港罗泾港区二期工程
25. 京杭运河常州市区段改线工程
26. 深圳市天然气利用工程

27. 深圳笔架山水厂改扩建工程
28. 常州快速公交一号线工程
29. 苏州天辰花园住宅小区
30. 天津华明示范小城镇·绿色家园住宅小区

第十届（2010年）中国土木工程詹天佑奖获奖工程名单

1. 上海环球金融中心
2. 上海世博会永久性场馆“四馆一轴”（中国馆工程、世博轴及地下综合体工程，主题馆、世博中心、世博文化中心）
3. 上海光源（SSRF）国家重大科学工程
4. 广东科学中心
5. 北京银泰中心
6. 国家图书馆二期暨国家数字图书馆工程
7. 济南奥林匹克体育中心
8. 陕西法门寺合十舍利塔工程
9. 武汉琴台大剧院
10. 重庆科技馆
11. 呼和浩特白塔机场新建航站楼工程
12. 武昌火车站改扩建工程
13. 东海大桥
14. 苏通长江公路大桥
15. 重庆朝天门长江大桥
16. 武汉北编组站
17. 合肥至武汉铁路
18. 武汉长江隧道
19. 云南思茅至小勐养高速公路
20. 南京至淮安高速公路
21. 新疆乌鲁瓦提水利枢纽工程
22. 贵州乌江索风营水电站
23. 沂河刘家道口节制闸工程
24. 天津港北防波堤延伸工程
25. 青岛港原油码头三期工程
26. 广州港南沙港二期工程
27. 北京小红门污水处理厂
28. 上海白龙港污水处理厂升级改造及扩建工程
29. 北京奥林匹克公园中心区市政配套工程
30. 珠海格力广场住宅小区一期A区

第十届（2011年）中国土木工程詹天佑奖获奖工程名单

1. 中国国际贸易中心三期工程（A阶段）
2. 中国科学技术馆新馆
3. 广州亚运会场馆（广州亚运城，亚运之舟-珠江新城海心沙地下空间及公园工程，广州天河体育中心综合改造及扩建工程，南沙体育馆）
4. 重庆大剧院

5. 武汉至广州高速铁路武汉站
6. 万科中心
7. 广州萝岗会议中心（凯云楼）
8. 青藏铁路那曲物流中心
9. 东方电气（广州）重型机器联合厂房
10. 河南广播电视发射塔
11. 杭州湾跨海大桥
12. 佛山东平大桥
13. 襄渝铁路新大巴山隧道
14. 国道317线鹧鸪山隧道
15. 武汉至广州高速铁路浏阳河隧道
16. 香港青沙公路（含昂船洲大桥）
17. 安徽铜陵至黄山高速公路
18. 江苏南京至常州高速公路
19. 广州抽水蓄能电站
20. 广东飞来峡水利枢纽
21. 秦皇岛港煤五期工程
22. 宁波港北仑港区四期集装箱码头工程
23. 上海500kV静安（世博）输变电工程
24. 山西沁水新奥燃气有限公司煤层气液化项目
25. 嘉兴文星花园住宅小区（汇龙苑、长中苑）

第十一届中国土木工程詹天佑奖获奖工程名单

1. 天津环球金融中心
2. 香港环球贸易广场
3. 深圳第二十六届世界大学生运动会场馆工程
4. 京沪高速铁路天津西站站房工程
5. 深圳北站综合交通枢纽工程
6. 贵阳奥林匹克体育中心主体育场
7. 新疆克拉玛依独山子区文化中心
8. 天津港国际邮轮码头（客运大厦）
9. 山西体育中心主体育场
10. 华能大厦
11. 中国石油大厦
12. 广州塔
13. 武汉阳逻长江公路大桥
14. 杭州九堡大桥
15. 重庆嘉悦大桥正桥工程
16. 上海崇明越江通道（长江隧桥）
17. 小河至安康高速公路包家山隧道
18. 六安至武汉高速公路大别山隧道群
19. 锦屏水电枢纽工程锦屏山隧道
20. 云南新街至河口高速公路
21. 江西景德镇至婺源（塔岭）高速公路
22. 大广高速湖北麻城至浠水段
23. 浙江曹娥江大闸枢纽工程
24. 深圳港大铲湾港区集装箱码头一期工程
25. 深圳地铁三号线
26. 北京地铁四号线
27. 沈阳地铁一号线
28. 深圳布吉污水处理厂
29. “西气东输”上海天然气主干管网系统工程
30. 山西万家寨引黄入晋工程北干线PCCP输水工程安装Ⅱ标
31. 北京中信城（大吉危改项目）
32. 北京雅世·合金公寓

第十二届中国土木工程詹天佑奖获奖工程名单

1. 昆明新机场
2. 广州珠江新城西塔
3. 天津文化中心
4. 中国国家博物馆改扩建工程
5. 南京南站站房工程
6. 深圳湾体育中心
7. 合肥京东方第六代薄膜晶体管液晶显示器件厂房项目
8. 成都双流国际机场T2航站楼
9. 金融街·重庆金融中心
10. 海南国际会展中心
11. 广州国际体育演艺中心（NBA多功能篮球馆）
12. 南京大胜关长江大桥
13. 沪蓉西高速公路支井河特大桥
14. 柳州双拥大桥
15. 京沪高速铁路
16. 秦岭终南山公路隧道
17. 青岛胶州湾海底隧道
18. 上海上中路隧道
19. 广州绕城公路东段（含珠江黄埔大桥）
20. 沿江高速公路芜湖至安庆段
21. 上海港外高桥港区六期工程
22. 北京地铁大兴线
23. 北京地铁十号线国贸站
24. 香港市区截流蓄洪工程
25. 重庆市主城区天然气系统改扩建工程头塘储配站
26. 旧广州水泥厂社区改造项目（岭南新苑、财富天地广场）
27. 武汉百瑞景中央生活区（一、二期工程）
28. 海军1112工程消磁站工程

第十三届中国土木工程詹天佑奖获奖工程名单

1. 北京国际会都APEC项目核心岛工程、北京金雁饭店重建工程
2. 深圳京基100大厦
3. 2014青岛世界园艺博览会场馆工程
4. 凤凰国际传媒中心
5. 大连国际会议中心
6. 鄂尔多斯机场改扩建工程新航站楼工程
7. 北京谷泉会议中心客房楼及附属设施工程
8. 甘肃会展中心建筑群项目
9. 重庆国汇中心项目
10. 北京汽车产业研发基地用房工程
11. 厦门北站
12. 澳门大学横琴岛新校区
13. 武汉天兴洲公铁两用长江大桥正桥工程

14. 舟山大陆连岛工程西堠门大桥
15. 同三国道横潦泾大桥改造工程
16. 沪蓉西高速公路四渡河特大桥
17. 南京长江隧道
18. 天津市滨海新区中央大道海河隧道
19. 湖南省常德至吉首高速公路
20. 广东省河口至平台（粤桂界）高速公路
21. 贵州北盘江董箐水电站工程
22. 唐山港曹妃甸港区煤炭码头工程
23. 深圳港盐田港区集装箱码头扩建工程
24. 深圳地铁五号线
25. 北京地铁九号线
26. 南京地铁十号线穿越长江盾构隧道工程
27. 北京轨道交通亦庄线
28. 无锡市综合交通枢纽项目
29. 北京市长安街改造工程
30. 上海青草沙水源地原水工程
31. 北京市天然气利用系统工程
32. 美国纽约亚历山大汉密尔顿大桥及附属高架匝道桥改扩建项目
33. 汉班托塔港发展项目一期工程
34. 上海市配套商品房闵行区君莲基地C2地块
35. 天津历史风貌街区保护与利用
36. 绿地清猗园0407地块
37. 海南省人防028工程
38. 多功能结冰风洞

第十四届中国土木工程詹天佑奖获奖工程名单

1. 国家会展中心（上海）
2. 哈尔滨大剧院
3. 望京SOHO中心T1、T2、T3工程
4. 杭州国际会议中心
5. 敦煌莫高窟保护利用工程——游客服务设施建安工程
6. 郑州东站
7. 广东海上丝绸之路博物馆
8. 鄂尔多斯市体育中心
9. 济南天地广场（贵和）工程
10. 九江长江公路大桥
11. 天津海河吉兆桥工程
12. 六盘水至盘县高速公路北盘江特大桥
13. 兰州市深安黄河大桥工程
14. 新建铁路哈尔滨至大连铁路客运专线
15. 武汉至广州客运专线新建武汉动车段
16. 广深港高铁狮子洋隧道
17. 上海外滩通道工程（北段）
18. 上瑞国道主干线湖南省邵阳至怀化高速公路
19. 崇明至启东长江公路通道工程
20. 福建省泉州至三明高速公路
21. 四川大渡河瀑布沟水电站工程
22. 日照—仪征原油管道及配套工程项目（日照港岚山港区30万吨级原油码头工程）
23. 上海市轨道交通十六号线工程

24. 北京地铁15号线工程
25. 深圳地铁2号线工程
26. 老港再生能源利用中心工程
27. 郑州市天然气利用工程
28. 南京燕子矶新城保障性住房一期工程（E、Q、S、G地块）
29. 1426工程

第十五届中国土木工程詹天佑奖获奖工程名单

1. 上海中心大厦
2. 宁波站
3. 上海迪士尼度假区
4. 上海交响乐团音乐厅
5. 南京牛首山文化旅游区佛顶宫工程
6. 重庆国际博览中心
7. 宜兴市文化中心
8. 鄂尔多斯市东胜区全民健身活动中心体育场
9. 新建杭州东站扩建工程站房及相关工程
10. 马鞍山长江公路大桥
11. 马来西亚槟城第二跨海大桥
12. 京新高速公路上地铁路分离式立交桥
13. 宁波铁路枢纽新建北环线工程甬江特大桥
14. 新建兰新铁路第二双线工程（新疆段）
15. 重庆至利川铁路
16. 青藏铁路新关角隧道
17. 南京市梅子洲过江通道连接线工程—青奥轴线地下交通系统及相关工程
18. 大理至丽江高速公路
19. 阿尔及利亚东西高速公路
20. 糯扎渡水电站工程
21. 雅砻江锦屏一级水电站工程
22. 青岛港董家口港区青岛港集团矿石码头工程
23. 上海市轨道交通12号线工程
24. 青岛市地铁3号线工程
25. 南京至高淳城际轨道南京南站至禄口机场段工程（S1线一期）
26. 香港净化海港计划
27. 郑州市下穿中州大道下立交工程
28. 杭州市东、西部天然气应急气源站工程
29. 南宁·瀚林美筑
30. 新疆军区“三零矿”工程

第十六届中国土木工程詹天佑奖获奖工程名单

1. 深圳平安金融中心
2. 上海自然博物馆（上海科技馆分馆）
3. 杭州国际博览中心
4. 上海北外滩白玉兰广场
5. 苏州现代传媒广场
6. 北京奥林匹克公园瞭望塔工程
7. 四川合江长江一桥（波司登大桥）
8. 重庆东水门长江大桥、千厮门嘉陵江大桥
9. 长沙西北上行联络线特大桥
10. 合肥至福州铁路
11. 新建铁路大同至西安客运专线工程（太原南—西安北）
12. 海南环岛高铁
13. 长沙市营盘路湘江隧道工程
14. 香港中环湾仔绕道铜锣湾避风塘隧道工程
15. 乌兹别克斯坦安革连至琶布铁路卡姆奇克隧道工程
16. 伊春至绥化高速公路
17. 云南澜沧江小湾水电站
18. 四川雅砻江锦屏二级水电站
19. 连云港港30万吨级航道一期工程
20. 沙特达曼SGP集装箱码头一期工程
21. 上海市轨道交通11号线工程
22. 深圳市城市轨道交通7号线BT项目
23. 长沙磁浮快线工程
24. 深圳福田站综合交通枢纽
25. 中国—中亚天然气管道工程
26. 上海市白龙港城市污水处理厂污泥处理工程
27. 广州市中山大道快速公交（BRT）试验线工程
28. 上海市大型居住社区周康航拓展基地C-04-01地块动迁安置房项目
29. “彰泰·第六园”商住小区
30. 中国文昌航天发射场工程